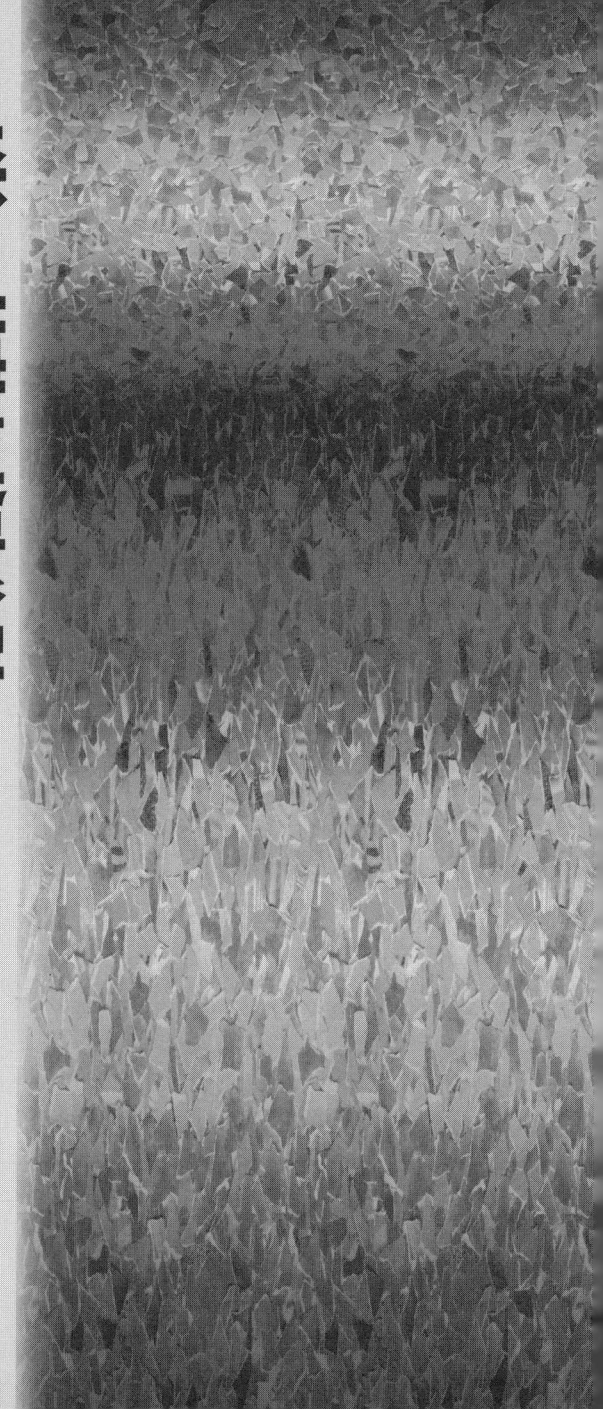

森里海連環学への道

田中 克

旬報社

まえがき

「森里海連環学《もりさとうみ》」――はじめてこの名前を目にされた読者のみなさんはどんなイメージをお持ちになるでしょうか。二〇〇三年に京都大学に生まれて五年目を迎えた新しい学問ですので、ほとんどのみなさんは、いったいこれはどんな中身なのかと、手にしていただいたのではないかと思います。

私がいうのも少々気が引けますが、いま、静かな広がりをみせつつある〝森と里と海のつながり〟に関する新しい二一世紀型の統合学問領域といえます。その誕生の背景にはいろいろな要素がからんでいますが、先行する諸運動、とりわけ宮城県気仙沼のカキ養殖漁師畠山重篤さん（牡蠣《かき》の森を慕う会代表）が中心となってすすめられている「森は海の恋人」運動の科学的根拠を明らかにする学問といえるでしょう。

これまでの学問は、科学者や研究者と呼ばれる研究を職業とする人たちの学問であり、一般の皆さんには自分たちの日常とは距離のある別世界の敷居の高い領域というイメージがあると思われます。私たちが提案していますこの「森里海連環学」は、科学者や研究者のみの学問ではなく、一般の市民のみなさんが気軽に自らの問題として入ることのできる〝身の回り〟の新しい学問のあり方をめざしています。

それは、これまでの学問が一流の国際誌に論文を発表することに傾きすぎ、いま迫りくる地球的危機の解決に学問がはたすべき役割が忘れられがちになっているのではないかと危惧するからです。たとえば、崩れゆく森林生態系や沿岸海洋生態系の現状やその機構が解明されただけでは、自然の再生にはつながらないでしょう。自然の再生にはそこに住む人びと、自然の崩壊を危惧する多くの市民のみなさんの声が行政を動かすまでに高揚することが必要と思われます。

すでに、「近くの木で家を建てる宣言」の起草者小池《こいけ》一三《いちぞう》さんが中心となって全国の工務店のみなさんを対象に「森里海連環学実践塾」が開催され、また高知県ではアウトドアライター天野礼子さんが中心となって、高新（高知新聞）文化教室「自然に学ぶ〝森里海連環学〟」など、市民サイドからこの学問の深まりと広がりへのとりくみがすすめられています。

「森里海連環学」のもう一つの特徴は、新しい価値観を生み出そうとするものです。いや、正確にはかつて私たちが意識することなく大事にしていた〝つながり〟の価値観を再生するものというべきでしょう。私たちの日々の暮らしも、その基盤となる社会も、人と人、人と自然、自然と自然の縦横のつながりによって成り立っています。しかし、二〇世紀後半からの近代文明の急速な〝発展〟は直接日々の利害にかかわる目に見えるつながりのみに目を奪われ、私たちの暮らしや社会を下支えしている無数の目に見えないつながりにはほとんど目を向けなくなってしまっています。

「森里海連環学」は日本の自然を特徴づける広大な森林と豊かな海の多様なつながり、そしてそのつながりを良くも悪くもする河川流域（都市もふくめた広い意味）のあり様《よう》を、本来の姿に戻すことをめざす学問です。里を介して森と海をつなぐ物質は水です。森から流れだし、川となって海にたどりついた水は、蒸発して雨や雪となって森に戻ります。

このような目に見えない〝つながり〟や水に代表される〝めぐり〟のたいせつさをもう一度認識しなおす今日的意味はとても大きいと思われます。ちなみに、〝見えないつながりをたいせつにしようよ〟と言われたのは、森里海連環学の応援団の一人である作家のC・W・ニコルさんです。そして、同じく、京都大学教授の小林正美さんが言われた「みなで生きようよ」という言葉が「森里海連環学」の目標をよく表しています。

私は、琵琶湖の近くに生まれ、魚釣りや水遊びで過ごした小学生時代の原体験から、迷うことなく水産生物学の道に進みました。大学院入学以来四十数年間、おもに海の魚の子どもたちの生態や生理の研究に一貫してとりくんできました。その一人の稚魚《ちぎょ》研究者である私が、いったいどうして「森里海連環学」という深い樹海に〝迷いこんだ〟のでしょうか。本書の執筆の動機は、京都大学で生まれ、これからの日本の、あるいは世界の進むべき道に大きな影響を与える可能性を秘めた「森里海連環学」の存在を、一人でも多くのみなさんに知っていただきたいとの思いからです。海の稚魚の生態研究者が「森里海連環学」にたどりついたのは、必然的な過程であったのか、それともたんに偶然の賜物であったのでしょうか。

森里海連環学への道——目次

第3章　長崎でつき合った稚魚たち

第4章　京都での二五年間の研究

第5章　有明海の不思議に挑む

第6章　フィールド科学教育研究センターの発足

第7章　森里海連環学の展開

第1章　「森里海《もりさとうみ》連環学」の誕生

1　新しい組織の発足

大学への時代の風当たりは、一九九〇年代に入るとしだいに強くなり始めていた。日々研究や教育に没頭していると、ひたひたと押し寄せる嵐の時代の到来には気づかないが、一度、管理的役職につくとただちにその風にさらされることになる。一九九七年ごろより、文部省は大学の農学系附属施設、とりわけ広大な面積を持つ演習林や都会の一等地に実験施設をもつ農場・牧場などが十分に活用されずに〝遊んでいる〟と厳しく評価し、大学はそれらの統廃合など再編を検討せざるをえない状況に追いこまれつつあった。

私は、生命・食料・環境を柱に総合農学を掲げる京都大学農学部も、森林科学に進めば森林の一部しか、海洋系に進めば海や海の生物の一部しか習得していない学生を送り出しつづけていることに少なからず疑問を抱いていた。問題とされた附属施設についていえば、京都府で最大の河川、由良川《ゆらがわ》の源流域に林学科の芦生《あしう》研究林が存在し、由良川が海に注ぐ若狭湾西部海域の舞鶴湾には水産学科の水産実験所があった。ところが両者は同じ農学部にありながら、舞鶴に水産学科が設置されて以来五〇年以上にわたり、まったく交流がなかったのである。これでは文部省の統合すべきであるとの指摘に反論のしようがない。

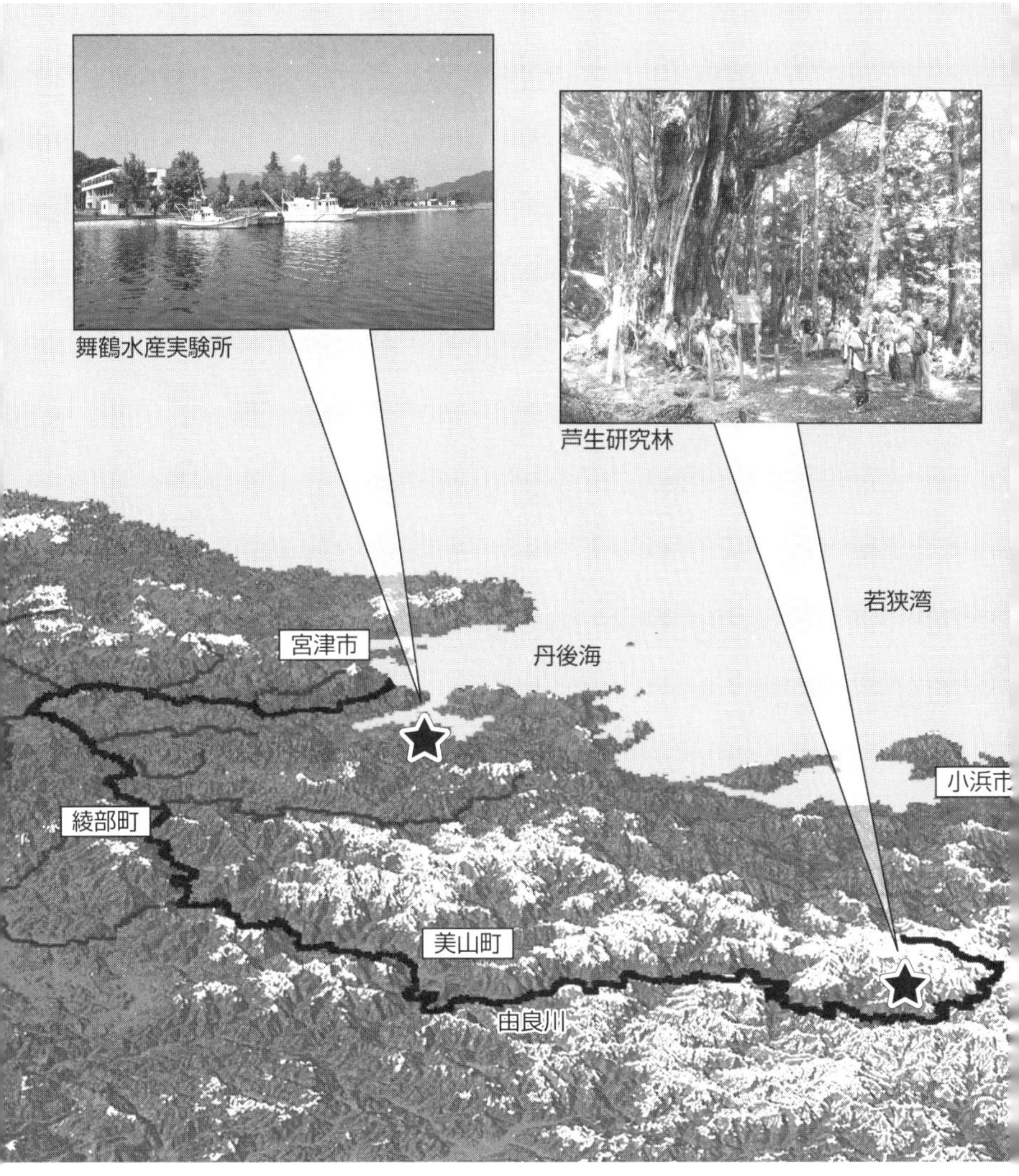

京都府由良川源流域の芦生研究林と舞鶴水産実験所

京都大学では二一世紀を見すえて、新たな五つの学問領域に対応する研究教育組織の設置が九〇年代前半より構想されていた。そのうちの一つが地球環境科学研究構想であり、その一環として二〇〇三年には全学のフィールド研究やフィールド実習の拠点となるフィールド科学教育研究センター（フィールド研）が発足した。このように京都大学のフィールド研は、地球環境科学研究構想の一環として設置されたものであり、文部省の「有効に利用するために統廃合すべき」との意向とは一致しない歩みであったために、その発足は相当の〝難産〟であった。

2　先行する諸運動に学ぶ

新しい組織が発足すると共通の目標や理念が求められる。それは、その組織の浮沈に大きくかかわるたいへん重要な問題である。これまで異なった学部や同じ学部内でも異なった学科に属し、顔や名前さえ知らない教職員より構成された新組織をつくるのである。文部省に提出した書類には、これまでまったく別個に行われてきた森林生物圏と沿岸海洋生物圏とを結びつけた教育研究を全学的に展開すると記述してある。この延長線上で新たな組織の目標や理念にふさわしい学問領域を定める必要性に迫られた。関連の書物を読むなかで目にとまったのが、『森と海とマチを結ぶ』（矢間秀次郎編、一九九二年）という本であった。

その中には、北海道の森林の荒廃がニシン資源の壊滅をもたらしたこと、北海道漁業協同組合連合会婦人部では、「百年かかって壊した森を百年かかって再生し、ニシンを復活させよう」を合言葉に、漁民による森づくりがすすめられているという話が掲載されていた。さらに、宮城県気仙沼湾にそそぐ大川上流の室根山に、カキやホタテガイ養殖の復活を願った漁師さんによる森づくり「森は海の恋人」運動に、私はたいへん興味を抱いた。この本のタイトルにあるように、「マチ」の存在が森や海の再生には不可欠であることに思い至った。さらにこうした運動はすでに一五年近く経過していたにもかかわらず、それを支える学問が存在しないことにも気づかされたのである。

フィールド研の教育研究組織は、森林生物圏部門、里域生態保全学部門、基礎海洋生物学部門の三部門制とした。すでに先行する諸運動の流れを吸収し、学内外に自然科学のみならず、経済学・社会学・教育学など多様な文系分野との融合を促進し、新たな統合学問領域名として「森里海連環学」をフィールド研がめざす新たな学問名とした。

発足時のパンフレットには、理念が以下のように記されている。

「わが国の自然環境を特徴づける森林生物圏と沿岸海洋生物圏は、本来不可分に連環しつつ、私達の生活に計り知れない恵みをもたらしてきた。しかし、近年における人間活動の加速度的膨張は、このような自然の不可分のつながりを著しく分断し、深刻な地球環境問題を引き起こしつつある。森と海の豊かな自然の再生と持続的利用には、その間に介在する人里空間のあり方が問題となり、里域生態系解明への新たな挑戦が求められる。このような基本的な考えに基づき、新たなフィールド科学としての森・里・海連環学のフロンティア組織を創生することは意義深いことである。当センターは、温帯域におけるフィールド科学の教育研究拠点として、人と自然の共存原理に資する新たな科学を創造し、新たな価値観の形成をめざす」

当時は実績がまったくなく、頭の中で考えた文章であったため、いま考えると表現を変更したい部分はあるが、新たな船出の意気込みは感じられる。そして、基本的には、現在もこのような気持ちを持ちつづけて、いろいろなとりくみを進めているのである。

3　森川海連関学と「森里海連環学」

両者は一見よく似ているが、本質的に大きく異なる。森川海連関学は、水の流れのままに森から川を介して海への一方的なつながりを表している。そして、このつながりのしくみは、森林で涵養された水が、川を通じて海、とくに河口域の生物生産にどのような影響を及ぼすかを調べる自然科学的課題である。一方、「森里海連環学」は、連環に表されるように「森が海を豊かにする」という一方向の関係ではなく、さまざまなつながりを通じて「海も森を豊かにする」という双方向の密接な関係を示しているのである。

海が森を豊かにする典型事例は、川で生まれたサケが海へ下り、北洋の豊かな海で栄養をいっぱい蓄えて母川に回帰することとしてよく知られている。産卵場へ回帰する途中でサケを待ち受けているのがヒグマである。

ヒグマはできるだけ多くのサケを捕らえては陸上に持ち上がり、頭部や腹部などの栄養価の高い部分のみを食べ、再び狩りに戻る。こうして陸上に持ち上げられたサケの残骸はキツネやワシなどの餌ともなるが、大部分はそのまま食べ残され、昆虫や微生物などに分解され、土壌を豊かにする。このような海起源の栄養分を吸収した周辺の木々は大きく成長し、土壌の保水力を高め、常にサケの卵や稚魚が育つ豊かな水を供給することになる。

ちょうどこの文章に手を加えていたとき、NHK総合テレビ「ダーウィンが来た」でカムチャツカの巨大なヒグマの物語が放映された。カムチャツカは火山列島であり、極北に近い環境にあるにもかかわらず、地熱によりヒグマの冬眠期間は知床半島のヒグマにくらべて二カ月間も短い。しかも、真冬を除き一年の大半をカラフトマス、ベニザケ、ギンザケ、シロザケなど多くのサケマス類がつぎつぎと大群をなして溯上《そじょう》してくる。カムチャツカのヒグマは半年以上にわたってサケを好きなだけ食べ、体重は五〇〇キログラムを超えるまでに大きくなる。知床半島に生息するヒグマの二倍を超える大きさである。

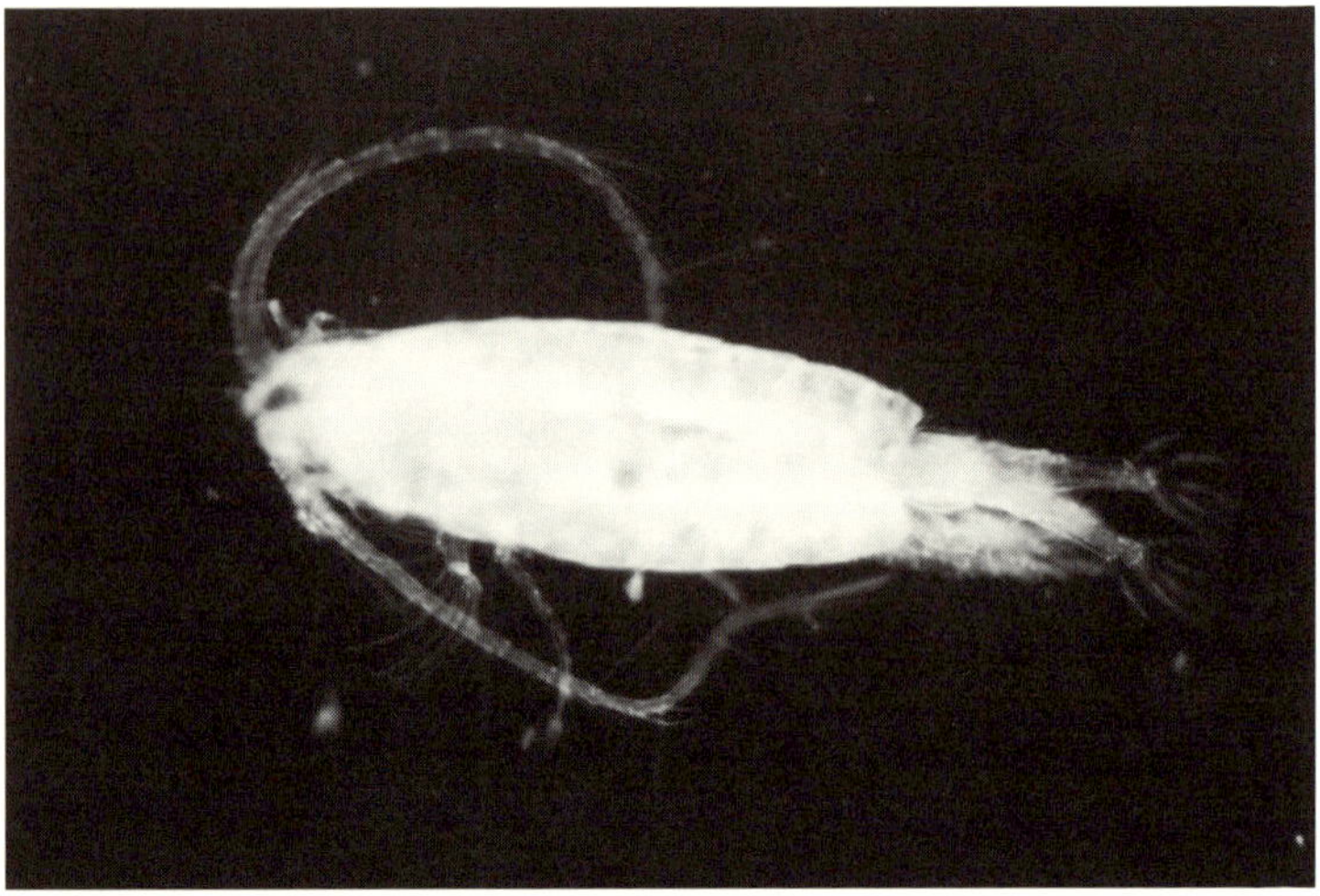

特産カイアシ類（sinocalanus sinensis）

カムチャツカ半島にこのように大量のサケが生息し、ヒグマが巨大化するのには、火山がきわめて重要な役割をはたしているという。火山から噴出される火山灰の中にはリンが多く含まれ、海に注がれ、植物プランクトンの増殖をもたらす。それらを餌にして稚魚の餌となるカイアシ類（橈脚類《かいあしるい》）などの動物プランクトンが大量に増えるのである。河川で生まれたサケの稚魚は海へ降り、河口域から陸岸沿いに北洋への旅に出る。この時期に大量の餌に恵まれればどんどん成長し、外敵に捕食される危険性も少なくなる。火山がサケを育てるのである。自然のつながりの奥深さを知る一例といえる。

一方、このようなまったくの自然の営みではなく、人間が介在した森と海の関係もみられる。カキやホタテガイの養殖いかだにはモウソウダケヤスギの間伐材が使われる。そして森から川を通じて河口域にもたらされた栄養豊かな水で増殖した植物プランクトンを食べて成長したカキやホタテガイは地域循環（地産地消）のルートにのって山里にもたらされ、人びとのたいせつな食料となる。この事例の場合には竹林やスギ・ヒノキの人工林を管理する里山の存在が重要な要素となる。

「森里海連環学」は、森と海のつながりやその再生には里の存在が不可欠であることを表現している。里の概念はたいへん奥深く、多様であるが、『里という思想』（内山 節、二〇〇五年）にあるように、市場原理のもとに急速に進むグローバリゼーション化に対して、ローカルな発想・伝統・文化にこそ里の思想が今日的意味をもつ。ここでは里山・里地・里海など限定した意味ではなく、空間的には、流域に発達した人びとの居住空間、したがって都市もふくめた広い意味で里をイメージしている。里に住む人びとの自然と共存しようとする英知なしには、森や川や海、そしてそれらのつながりの回復はありえないのである。

4　なぜ〝つながり〟なのか

世界自然遺産として一度は訪れてみたいと願う白神山地のブナ林。このブナ林の存続には日本海がなくてはならない。大陸から乾燥した空気が日本海を渡る途中で、対馬暖流の湿気を十分に蓄え、東北地方の山々に当たり、大量の雨や雪をもたらし、見事なブナ林が形成される。一方、世界最大のサンゴ礁として有名なオーストラリア東北岸に連なるグレートバリアリーフは、乾燥大陸オーストラリアの中で唯一熱帯雨林を形成する東北部の森に降った雨が多様な栄養分を蓄え、グレートバリアリーフの北部に流入し、東オーストラリア海流によって南下するなかで広大なサンゴ礁全域に栄養を供給している。

このような自然のミクロ、マクロのつながりは、私たちの考えを超えて無数にあるに違いない。それらのつながりによって豊かな自然は成立している。一方、私たちの暮らす人間社会はどうであろうか。かつては多くの家が一軒家であり、ご近所と日々いろいろなつき合いがあり、子どもたちはそうしたつながりの社会のなかで健全に育っていった。しかし、人口の都市への集中化は全国的に過疎化を進め、都市に集中した人びとはアパートやマンション暮らしとなり、さらに日々の仕事に追われ、隣にどんな人が住んでいるかも知らない事態が進行している。テレビでは交通事故や汚職、そして子どもたちを巻き添えにした悲惨な事件の報道ばかりである。こうしたことは、人と人のつながりがあまりに希薄になりすぎた結果と見るのは的はずれであろうか。そして、人と自然のつながりがどんどん遠のいている現実も、今の社会の歪みの重要な背景の一つと思われる。

「森里海連環学」は、たんに森と川と海のつながりの再生にとどまらず、そのことをつながりの一つのモデルとして、自然と自然、自然と人、そして人と人のつながりの重要性をとりもどす学問として発想したものである。その意味ではモデル的地域社会でそのことを実証し、全国へ、そして世界に波及させることの今日的意義はきわめて大きい。

5　里海《さとうみ》を考える

雑木林と棚田、林の周囲を流れる小川、そして夕げの煙が立ちのぼる民家、野原をとび回る子どもたち、田畑の手入れに余念のない夫婦、そんな牧歌的な風景を見守ってきたお宮さん。里山とはこんな感じであろうか。

一方、海についてもこの里山に対して近年〝里海〟と呼ばれ始め、里海づくりや里海の保全活動が行われ始めている。季節を通して魚、エビ、カニ、サザエ、アワビ、海藻など豊かな海の恵みを享受する（獲りすぎずに資源を守る）知恵とそれを可能にする海の神への畏敬の念に根ざした人びとの強いきずなや伝統。このような海と一体化した共同体社会を里海と呼ぶのであろうか（瀬戸山 玄、二〇〇三年）。

高知県須崎市の横浪半島池ノ浦では、古くよりイセエビをたいせつに管理しながら有効に利用し、それを元手に漁業協同組合は漁師の後継者が結婚すると、一〇〇万円の祝い金を出すという。小さな漁村なのに子どもたちがたくさんいるのに驚かされた。これも里海の一つの姿であろう。

一方、いま世界の海はいったいどうなっているのであろうか。

二〇〇七年には乱獲で絶滅が危惧されるクロマグロとヨーロッパウナギ稚魚（シラスウナギ）の漁獲制限があいついで大きく報道された。欧米社会でも魚という健康食品への需要が高まったことも関係して、世界の主要水産資源の半数以上ですでに再生産に深刻な影響が現れ、年々資源低下の道を歩むほど乱獲が進行しつつある。そして、この両者の乱獲にはいずれも日本が深く関わっているのである。地中海は大西洋クロマグロの産卵ならびに幼魚の成育場であり、その未成魚を大量に捕獲し、大きな円形生簀《いけす》で大量のアジやサバなどを与えて、全身トロ状態の養殖マグロが養成され、そのため天然資源が著しく減少している。そして、その大半の輸出先は日本なのである。

ヨーロッパウナギのシラス漁獲量は近年急増し、その六割前後は中国へ輸出される。それらは二〜三年かけて養殖され、カバ焼きとして日本へ輸出されるのである。東アジアにもフィリピン東方のマリアナ海域で生まれ、半年近くをかけて黒潮に輸送されて日本や中国の河口域に集まるニホンウナギが生息している。しかし、これらはすでに長く続いたウナギ養殖の種苗《しゅびょう》として乱獲され、資源量が激減したため、中国はヨーロッパウナギにねらいを定め、日本への輸出を目的に養殖に着手したのである。

これら二つの例は、水産物さえも自給を放棄したわが国の食習慣が世界の漁業資源に深刻なダメージを与えている典型事例である。わが国は三〇~四〇年前には水産物の自給率は一〇〇%を超えていたが、今では五〇%台まで落ち込み、漁獲量は一三〇〇万トン近くから五〇〇万トン台まで減少している。そして世界中から水産物を買いあさっているのである。里山や里海の生き方とは一八〇度反対の事態が進行している。里海では狭い土地で自家用の野菜を作るにあたって、海岸で拾い集めた海藻やヒトデを肥料として用いるのである。一方、都会では利便性と飽食に乱れた食料品は、日々大量に食べ残しとして廃棄されている。コンビニエンスストアなどで売れ残り、一年間に廃棄される量は、全世界の最貧国への国際的な食料援助の総量にも匹敵するという。また、木材自給率は二〇%、農産物自給率は三〇%台と自前の生産をほとんど放棄した国の、再生資源の利用や食料政策にも大きな問題がある。いったいこの国はいつまでこうしたことを続けるのであろうか。

6　京都大学のフィールドサイエンスの伝統

京都大学の自由の学風の流れを汲む伝統的な学問領域の一つは、今西錦司らに代表されるフィールド科学である。人跡未踏の山岳や熱帯雨林の踏査、アフリカの森に住みついてゴリラやチンパンジーなどの霊長類研究など、世界に誇る研究も多数ある。京都大学が探検大学ともいわれるゆえんである。このような伝統的フィールドサイエンスの流れは、今後も脈々と継続するに違いない。こうした輝かしい伝統をもつ京都大学に〝フィールド科学教育研究センター〟という名称をつけた施設を設置することは、一面、たいへん〝おこがましい〟気持ちがしないでもない。もちろん、フィールド研も広い意味では先輩たちのつくった伝統の上に生まれたことは事実であるが、いまでは人跡未踏の自然はほとんどなくなっていること、そして人間活動の影響を受けない自然もほとんどないといってよいほどの事態に至っている。

フィールド研はこのような二一世紀にますます深刻化しようとしている地球生命体の〝循環・免疫系〟の再生を目指した「森里海連環学」を創生し、展開しようとしているのである。森に降った雨、平野に降った雨が、大小さまざまな川となって人びとの生活や生産活動に密接に関わっているようすは、まさに血管系そのものである。

一方、これまでの地域共同体社会は、災害をはじめいろいろな問題が生じたとき、知恵を出し合い協力し合って問題の解決に当たり、あるいは日常の付き合いから問題の発生を未然に防いできたのである。しかし、いまや大動脈たる大きな川は直線化され、毛細血管は三面張りのコンクリートで固められ、地域共同体社会は崩壊し、血管・免疫系は弱り切っているように思われる。こうした現状に直面してフィールド研の「森里海連環学」は、手つかずの自然というより、人為的に疲弊した自然の再生を指向した統合学問であり、これまた人跡未踏の領域への挑戦でもあるといえる。

第2章　琵琶湖に育ち、舞鶴で学ぶ

今日の私自身の「森里海連環学」のルーツをたどるとき、琵琶湖の近くで生まれ、周辺の湖岸、小川や雑木林で遊んだことに行きあたる。当時は家の前には水田が広がり、すぐ近くには雑木林があった。水田でドジョウやオタマジャクシを追いかけ、農家のおじさんに叱られ、その謝りはいつも母の役割であった。

祖母（父方の）は昔気質のたいへん厳しい人であった。小学校の帰路や田んぼでフナやドジョウなどをつかまえ、魚に興味をもちはじめていた私は、魚釣りに琵琶湖に行きたいと願ったが、「危ないからダメ」と止められていた。つのるばかりの魚釣りへの関心は、意外に簡単に実現することとなった。五年と六年の担任の中島 昭先生が大の釣り好きで、四季折々に琵琶湖へ連れて行ってもらえるチャンスが到来した。さすがの祖母も、担任の先生と同行ならと許してくれた。初めての魚釣りは、いまではオオクチバス（通称ブラックバス）やブルーギルなどの外来魚による捕食や環境汚染により、すっかり数が少なくなってしまったホンモロコであった。竿先に感じるあの感触。最初の一尾で、もう病みつきになってしまったことはいうまでもない。

1　内湖《ないこ》が支えた琵琶湖の魚たち

世界有数の古代湖である琵琶湖には、ホンモロコ、ニゴロブナ、ビワコオオナマズ、ハス、ワタカなどの固有種が生息している。このうち、ホンモロコは琵琶湖といえばホンモロコといわれるほど馴染みの深い魚であった。体長は最大二〇センチほどで、そのスマートな体形や銀白色の体色といい、琵琶湖の〝女王〟にふさわしい魚である。香しい香りと淡白な味は塩焼きにすると忘れがたい味の魚であった。冬は北湖《ほっこ》の深い場所で越冬し、早春、柳が芽吹き、桜の蕾が膨らむころ、南湖《なんこ》に来遊し、浜大津～膳所《ぜぜ》公園あたりが産卵場となり、水草に卵を産みつける。その後、稚魚たちはヨシが繁茂した岸辺や内湖《ないこ》で成長すると考えられる。かつての琵琶湖には、ヨシ群落が繁茂した内湖がたくさん存在していた。堅田や草津などの内湖に、コイやフナを釣りによく出かけた。

ヨシ群落は琵琶湖の内側を縁どる〝陸から湖への移行帯〟であり、水質の浄化や稚魚の成育場としてなくてはならない役割をはたしていた。また、ヨシそのものも茅葺きの屋根やすだれなどに活用されていた。しかし、琵琶湖総合開発の進行とともに内湖は埋め立てられ、湖岸は直線化され、そこには立派な道路ができ、人工護岸化が進行した。二〇世紀後半の五〇年間に琵琶湖のヨシ群落は三分の一以下に減少した。滋賀県では一九九二年に「ヨシ群落保全に関する条例」が、一九九三年には「ヨシ群落保全基本計画」が策定され、造成が試みられているが、失われた内湖の復活への道はまだ開けていない（西野麻知子・浜端悦治編、二〇〇五年）。

このような稚魚たちの成育場の消失という困難な条件にさらに拍車をかけたのは、外来魚の移入であった。一九七四年に初めて琵琶湖で確認されたオオクチバスは一九八〇年代に入って爆発的に増え、ブルーギルの急増とともに在来の琵琶湖固有種の存続に深刻なダメージを与えている。滋賀県では、外来魚駆除のために、外来魚の捕獲を漁業者に奨励し、一キログラム当たり三〇〇円で購入している。漁業者にとっては、廃棄されるか肥料にしかならない外来魚を捕るなどやりたくない仕事であるが、在来種が軒並み一〇分の一程度に減少した現実ではそれしか生きる道がないのである。オオクチバスもブルーギルもスズキの仲間なので、白身のおいしい魚であるが、前者は皮に臭みがあり、後者は小型で料理が面倒であり、食用としての利用方法がいろいろと模索されている。この地球上には一億人のストリートチルドレンがおり、一日一万八〇〇〇人以上の子どもたちが餓死しているのに、琵琶湖では毎年五〇〇トンもの魚が有効に利用されない現実がある。

2　ニゴロブナ資源回復作戦

琵琶湖周辺、とくに東岸一帯には平野が広がり、江州米《ごうしゅうまい》の産地として知られてきた。この江州米と琵琶湖固有種のフナであるニゴロブナが結びつき、魚の保存食として「なれずし」の一種〝フナ寿司〟が各家庭で作られていた。しかし、一九八〇年代には二〇〇トン前後獲れていたニゴロブナは一九九〇年代には一〇分の一前後に激減し、二〇〇七年一一月には絶滅危惧種に追加された。琵琶湖からニゴロブナが姿を消すことは、フナずしという食文化が近江《おうみ》の国から消えることになると危機意識をもった滋賀県は、一九九〇年代初めより資源回復計画に乗り出した。

資源の再生にはニゴロブナの生態や生活史の解明が不可欠である。そこで藤原公一さんたち（一九九八年）は、ヨシ群落はニゴロブナの子ども（仔魚《しぎょ》や稚魚《ちぎょ》）の成育場として不可欠であるとの仮説のもとに、人工種苗《しゅびょう》をヨシ群落に放流し、かれらの挙動を追跡することから始めた。最初の実験では、幅一五〇メートル、沖出し五〇メートルのヨシ群落中央部に、ふ化後間もない仔魚（二日目と一二日目）を放流して一四日目に再捕すると、沖側に向かう仔魚はほとんどなく、ほぼすべての仔魚はヨシ群落の岸寄りに集中することが明らかになった。

その理由は、ヨシ群落の奥ほどニゴロブナ仔魚の餌となるプランクトンの枝角類《しかく》（ミジンコ類）やカイアシ類（橈脚類《かいあしるい》）が多いためと考えられた。しかし、一方でヨシ群落の奥部は仔魚が生存するうえできわめて厳しい極限環境であることが判明した。水の交換がほとんどないうえ、夜間にはいろいろな生物の呼吸活動で完全に酸素がなくなる〝無酸素状態〟を呈するのである。生後まもないニゴロブナ仔魚は、いったいどのようにしてこの無酸素状態を切り抜けているのであろうか。藤原さんたちは、水槽実験によってニゴロブナ仔魚は水面直下に浮上し、空気中から溶け込むわずかな酸素に依存していることをつきとめた。

さらに、ニゴロブナ仔稚魚《しちぎょ》の耳石《じせき》（内耳の中にある小さな石）にアリザリンコンプレキソンという蛍光物質で標識をつけると長期間保持され、蛍光顕微鏡下では、明瞭な輪紋として観察される。この方法により異なった時期に標識した仔稚魚を砂浜、沖、ヨシ群落の三カ所に放流した。そして、約四カ月後に体長八〜一〇センチに成長して、沖合底曳網《そこびきあみ》漁業で採捕されたニゴロブナ当歳魚（その年に生まれたもの）の耳石を調べた。砂浜や沖合放流魚の生残率は著しく低かったが、ヨシ群落放流群の生残率は二〇〜三〇％にも達し、ニゴロブナの初期成育場としての重要性が実証された。

滋賀県では条例によって、冬季にヨシの刈り取りが実施される。ヨシには陸地に生える陸ヨシと水の中に生える水ヨシがあり、冬季に琵琶湖の水位が低い年には水ヨシまで伐採し、春季に十分に成育せず、ゴミなどの漂着とも相まって、ニゴロブナ仔魚にとっての成育条件が著しく悪化することがある。さらに、六月上旬ころには梅雨による降雨に備えて琵琶湖から流れ出す瀬田川の洗い堰を開門し、水位を低下させることが行われる。短期間における数十センチに及ぶ水位の低下は、ヨシ群落の奥で成育していた仔稚魚や卵を干出させ、大きなダメージを与える。餌が豊富で、酸素不足のため外来魚などの捕食者もいない格好の成育場に適応したニゴロブナも、人間の無知の為せる業《わざ》には対抗のしようがないのである。

3　水田は琵琶湖の延長

琵琶湖周辺のヨシ群落の後背地には水田が広がる。おそらく稲作が盛んとなった弥生時代以来、水田は琵琶湖の一部としてたいへん重要な役割をはたしてきたと考えられる。晩春から初夏の田植え時は、ちょうど多くの魚たちの産卵期に当たる。琵琶湖から小川を通じて水田にはフナ、コイ、ナマズなどがたくさん溯上《そじょう》し、一大産卵場となる。水田には稚魚の餌となるミジンコ類が豊富に存在し、外敵となる捕食者はタガメなど一部の水生昆虫やサギ類などの鳥類に限られる。

稚魚は琵琶湖より温かい水温環境下で素早く成長し、ある大きさになると水田から琵琶湖へと帰る。こんな春の風物詩とよべる琵琶湖と水田のつながりは、どれくらい続いてきたのであろうか。しかし、こうした魚の行き来は突然阻止されることになる。いわゆる圃場《ほじょう》整備事業である。水田は長方形や矩形に区画され、小川はコンクリートで固められ、小川と水田との間には段差ができ、魚たちの水田の利用は閉ざされてしまったのである。

かつては連続帯として存在した琵琶湖と水田の関係を取り戻すべく、水田に魚が溯上できる水路を作るなどの工夫(魚のゆりかご水田)が行われ始めている。先述のニゴロブナの場合には、有志の農家をつのり、田植え前の水田に、ふ化仔魚を一反当たり四万尾放流すると、餌や水温等の条件に恵まれれば、二週間ほどで全長二〇ミリほどの稚魚約二万尾が育ち、水路を開けて琵琶湖へ放流される。こうした稚魚育成に協力した農家では、できるだけ肥料や農薬の量を減らそうと環境意識が大きく変化する。

一九九〇年代の後半まで二〇トン前後であったニゴロブナ漁獲量は、二〇〇〇年代になってやや増加傾向を示している。一方、漁獲尾数に占める放流魚の割合は五〇%以上を占めるようになったが、現時点では大量の親魚から卵を得ているため、人工種苗《じんこうしゅびょう》の遺伝的多様性も十分に保たれ、天然資源に遺伝的悪影響を及ぼすことはないとされている。

4　京都から舞鶴へ

京都で二年間の教養課程を過ごして、二〇歳になった春に舞鶴に移った。海の教育や研究のために、水産学科は農学部で唯一、京都から離れた舞鶴湾の岸辺にあった。親元を離れての下宿生活は初めてであり、不安と期待のなかで訪れたが、幸いにも下宿のおじさんとおばさんはとてもよい人で、四年間を八畳一間の畳の部屋で快適に過ごさせていただいた。

当時は、教室の各部屋の暖房は石炭ストーブであり、講義室のストーブの横には水産学教室に居ついた犬が一緒に講義を聞きにきて、気持ちよさそうに〝居眠り〟を楽しんでいた。それにつられて学生が居眠りをすると、松原喜代松先生は「私がもう少し若いときなら、たたき起こして張り手の一発も入れたのだが」と語られたのをよく覚えている。犬たちには教授の姓や名の一部をとって「マツ」「タサ」などと呼びつけにしていた。最近の京都では考えられない舞鶴生活であった。

水産学教室は、教員、事務職員、技官に七〇名ほどの学生や大学院生などをあわせて、一〇〇名ほどの所帯であった。何をするにも教室全体で行い、すべての構成員の名前を覚えるのにちょうどよい大きさであった。

5　稚魚《ちぎょ》との出会い

四回生への進級に当たり、迷うことなく魚を直接研究できる水産生物学講座を選んだ。本講座の教授は日本の魚類分類学の礎を築かれた松原喜代松先生であった。若いころには柔道で鍛え、身長一六〇センチ弱であったが、体重は二〇貫（七五キログラム）という堂々たる体格であったと聞かされた。しかし、昼夜を問わぬ猛烈な研究とフォルマリンの吸いすぎにより、私が四年生に進んだころにはお元気をなくされていた。私の卒業論文のテーマは「クサフグ消化管の膨張機構に関する研究」に決まった。フグ類は他の魚と違ってどうしてお腹を膨らますことができるかを調べることであった。

実験材料は教室裏の栈橋で簡単に釣れたので、こと欠かなかった。まずは解剖である。消化管のどの部分が膨らむかはすぐにわかった。食道と腸の間の腔所に水や空気を入れ、それらが漏れないようにすれば膨張が可能となる。そこで食道と腸の始部を切り出し、エタノールシリーズで脱水後、パラフィンに包埋して横断切片や縦断切片（五〜七ミクロン）を作り、ヘマトキシリンとエオシンという染色液につけて組織や器官の染まり具合を変え、顕微鏡で観察するのである。同級生と観察していると落合　明助教授が「君たち、進んでいるかね」とよく激励にこられた。

この手法自体は古典的なものであるが、最近ではある特定の物質を検出するために、その物質の抗体を作り、切片上での抗原抗体反応を用いて検出したり、メッセンジャーRNAの発現の検出にも用いられている。この手法により食道や腸始部の括約筋を調べると、近縁種にくらべて、非常に発達しているのである。通常、食道と腸の間には胃が存在し、胃壁には消化酵素ペプシンや塩酸を分泌する胃腺が存在するが、クサフグには見当たらない。クサフグでは胃は消化機能を持たず、膨張するために特化したと考えられた。

こうしたことが理解されると、クサフグでは消化管を膨らます機能はいつ頃から発達するかが関心事となった。教室の北岸にはガラ藻場（ホンダワラ類などの海藻が繁った海の森）があり、その沖側ではメバルやキジハタがよく釣れた。釣りの合間に岸壁近くの浅瀬や砂地にアマモが生えた場所に目を凝らしていると、いろいろな小魚や稚魚が泳いでいることに気づいた。それらを手網ですくってみると、アゴハゼやクロダイに混じって、フグらしい仔魚《しぎょ》がいることに気づいた。

その後、いろいろな場所で採集を試みると、三ミリ前後の仔魚（体全体は膜状の鰭《ひれ》で包まれ、体はほとんど透明な幼生）から十数ミリ前後の稚魚（鰭条《きじょう》を備えた鰭が分化し、脊柱《せきちゅう》や鱗《うろこ》も形成された成魚様の形態を示す）までシリーズの仔稚魚《しちぎょ》が集まった。喜び勇んで、なるべく小さな個体を探し回り、手のひらに乗せてみた。すると、体長わずか三・五ミリほどの個体が一人前にお腹を大きく膨らませるではないか。しかし、あまりに喜び過ぎてその時の体長と膨張の記録を取らず、卒業論文を書くときにはたいへん後悔したものであった。これが、最初の稚魚（仔魚をふくみ総じて）との出会いであり、その後、多くの沿岸性魚類の稚魚は波打ち際の浅海を成育場にするという、普遍的現象の解明へとつながる出発点でもあった。ともあれ卒業論文で仔稚魚にめぐりあい、魚はこんなに小さな体で子どもの時期を過ごすのかということに感動し、一生の仕事へとつながっていった。

6　真冬のスズキの人工授精

仔稚魚入手の極めつけは、スズキの人工授精であった。スズキの産卵期はどこでも真冬である。正月明け早々に、舞鶴市北部の田井漁業協同組合の広い会議室の片隅で一夜を過ごし、午前三時に大敷網（ブリなどの回遊魚を漁獲する大型の定置網）漁の初漁に乗船した。前日から冬型の気圧配置が強まり、夜半から吹雪となった。冬の日本海の大波にたちまち船酔いしてしまった。しかし、吹雪と強風にこのまま船が転覆するのではないかとの恐怖に、船酔いも軽減されたようであった。二〇人近くの漁師さんがたぐり寄せる網の中に大きくお腹の膨れたスズキがいるのを見て、ダウン寸前の状態から復活した。船上で手早く人工授精を終えて、ほっとしたときには東の空が明るくなりかけていた。

やっとの思いで港に帰ってからがまたたいへん。前日来の雪が四〇センチを越え、定期バスが不通となった。峠まで卵の入ったアイスボックスをかついで雪道をかき分けること二時間。汗びっしょりになってバスの通る道まで出た。こうして入手したスズキ仔魚も餌不足のため、ふ化後二九日で全滅してしまった。それでも、組織化学的に腸で活発に脂肪が吸収されることを実証するなどの成果も得られた。

このことを出発点として、スズキとの付き合いは、その後四〇年以上にもなる。後に述べるスズキの有明海での初期生活史の解明とともに、飼育実験においても淡水適応能力（海水魚が鰓《えら》、腸、腎臓などで水分や塩類の出し入れを調節して淡水で生きられる能力）の発達など生理的にも興味深く、この一〇年ほど私たちの研究室のもっとも重要な研究対象種である。いまでは、電話一本で数日後には宅配便で受精卵が水産実験所に届く（本種については千葉県水産総合研究センターの牧野　直さんに全面的に協力いただいている）。最近、「今どきの学生は何の苦労もせず……」などの思いが横切るのは、昔の経験だけではなく、やはり歳のせいなのであろうか。

7　大学院への入学と学位論文

大学入学以来、博士後期課程まで進むつもりであったので、迷うことなく大学院入学試験を受験した。当時は基本的には各研究室二名が受け入れの限度であったので、真剣に入学試験の準備にとりくんだ。夏休みの八月には長野県佐久市の民宿に泊り込んで勉強した。民宿のおばさんから、一〇時と三時には「お茶が入ったよ」と声をかけていただいた。信州ではお茶うけはおのおのの家で漬け込んだいろいろな種類のお漬物であることを知った。

幸いにも〝一人合宿〟の成果があったのか、合格することができた。大学院でのテーマは、当時仔魚の腸管を調べはじめておられた岩井 保先生のアドバイスを得て「仔稚魚の消化系の構造と機能の発達に関する研究」となった。現在なら、各種の消化酵素発現を遺伝子レベルで調べられるのだが、当時は古典的な手法の組織切片を作成して詳しく観察することが中心的な方法であった。当時は、手法よりは、ふ化仔魚から稚魚までのシリーズの標本を入手することが最大の難問であった。幸運にも受精卵が得られたとしても、仔魚の飼育がたいへん困難な時代であった。

大学院へ入学して最初に試みたことは、海産仔魚の飼育手法を習得するために、一九五〇年代半ばに〝栽培漁業〟を旗印に立ち上がった瀬戸内海栽培漁業協会伯方《はかた》島事業場（のち独立行政法人水産総合研究センター伯方島栽培漁業センター）に四月の中旬から二カ月間滞在させてもらい、飼育業務を手伝いながら、マダイやカサゴ仔稚魚の飼育手法を学び、組織切片用の試料を入手することに努めた。

二カ月の研修を終えて舞鶴に戻ってからの一年半は、あらゆる可能性を求めて人工授精を試みた。スズキ、クロダイ、クサフグ、キス、ホンモロコなどで挑戦したが、成功率は五〇％を大きく下回った。同時に天然で産卵されたサヨリ、クジメ、ヨシノボリなどの受精卵を用いたり、業者からニジマス、ワカサギ、アユ、フナなどの卵を購入したり、あらゆる手を尽くして種類を増やすことに努めた。

こうして苦労して入手した、ふ化仔魚の飼育がまたたいへんであった。当時は今のように、餌となるシオミズツボワムシの培養法が確立していなかったので、代わりにムラサキイガイの幼生、天然動物プランクトン、淡水で培養したミジンコなど季節に応じて可能な餌を用いたが、うまく飼育できた例は少なかった。それでも断片的な種をふくめて十数種の仔稚魚の消化系の構造的な特徴を明らかにすることができた。

大学院博士後期課程へ進学後は、腸の前部～中部で脂肪の吸収が、腸管最後部（直腸）ではタンパク質の摂取が行われていることを、組織化学的に証明することにとりくんだ。学位論文のエッセンスは、仔稚魚の消化系は「摂餌開始期」（生後数日）と「仔魚から稚魚への変態期」の二期に段階的に発達し、とくに後者では機能的な胃や魚類に特有な幽門垂《ゆうもんすい》が分化し、成魚型の消化系の基本構造が整うという内容であった。すなわち、魚類の消化系も〝変態する〟のである。そして、物事の発展のプロセスは多くの場合段階的であることを知った。このような成果とともに、いろいろな魚種の発達様式を比較することにより、種の特異性と共通性が浮き彫りになり、比較の視点の重要性に気づくこととなった。

8　学生結婚から就職へ

四年生のころからつき合い始めた水産化学講座の実験補助をしていた女性と結婚した。私が博士後期課程へ進学した直後の四月一二日（私の誕生日）であった。二泊三日の山形県蔵王での春スキーを楽しんで舞鶴へ戻った翌日から、飼育実験の準備と本格的な仔稚魚飼育の日々が始まった。餌を培養し、仔魚を飼育し、午前中の定刻にサンプリングした個体をブアン液に一定時間固定し、パラフィンに包埋するところまでの作業を続けた。朝は七時に家（東舞鶴）を出て、夜は一二時前に帰り、遅い夕食を食べて寝るという毎日が七月まで続いた。さすがに彼女は、「こんなはずではなかった。えらい人と結婚した」と後悔したに違いない。幸いにも歩いて五分ぐらいのところに彼女の実家があったので、実家に帰って寂しさをまぎらわせていたと思われる。

博士後期課程は、途中に〝大学紛争〟があり、ほぼ一年間、教育研究活動が停止した。「夏季大学」を自主的に開講して何人かの講師の先生をお呼びし、その話題提供を元に「科学とは何か」、「科学者の社会的責任とは？」などを討議した。いまでは考えられないことであるが、大学院会や学生自治会が活発に開かれ、いろいろな要求を大学（といっても水産学教室）に突きつけたりした。直接指導いただいた岩井 保先生からは、博士後期課程の一年目の秋には、もうデータも十分そろっているので、学位論文としてまとめてみてはどうかとの助言をいただいたが、さらに魚種を広げたい気持ちと大学紛争の渦中で、まとめの作業には入れなかった。結局、博士後期課程の表裏（六年）をかけてしまった。

結婚して三年目には長男が、五年目には次男が生まれ、家内は子育てのために仕事をやめ、収入は国からの奨学金と家庭教師の報酬だけと厳しい状況であった。就職を考えることになり、二九歳の冬から夏（六月）にかけては、午前中に公務員の試験勉強を、午後には博士論文をまとめる毎日であった。運よく国家公務員試験に合格し、学位論文をまとめた翌年（一九七四年）の春に水産研究所への就職が決まった。最初の一カ月は研修であり、当時築地の魚市場の近くにあった東海区水産研究所（のち中央水産研究所）で過ごした。研究職三人のうちの一人が養殖研究所前所長の酒井保次さんであり、いまでも親しくおつき合いをしている。

第3章　長崎でつき合った稚魚たち

長崎の西海区水産研究所（西水研）への就職が決まった。

伊丹空港から長崎空港へ家族四人で飛び立ったのは、一九七四（昭和四九）年七月の半ばであった。初めての飛行機と遠く離れた地への旅立ち、さすがの家内も少々緊張気味のようすであった。生後半歳の次男は飛行機に乗ってスチュワーデスさんからおもちゃをもらってはしゃいでいたが、二歳半の長男は母の緊張感が伝わったのか不安げなようすであった。こんな不安を一掃してくれたのは、西水研のみなさんであった。長崎市郊外の公務員住宅の暮らしにも慣れ、子どもたちが幼稚園へ通うころには、家内も親子劇場や生協の役員などもこなし、友だちも増えていった。

1　西海区水産研究所（西水研）

日本は多様な海に囲まれている。現在は独立行政法人となった水産総合研究センターは、それぞれの海に対応した六つの海区水産研究所を有している。これのうちの一つが九州西海域を担当する西海区水産研究所である。当時は豊かな海であった東シナ海や黄海における以西《いせい》底曳網漁業の資源管理の基礎として、重要資源生物の生態や海洋環境に関する研究が活発に行われ、幾多の研究業績と著名な研究者を輩出した。一方、沿岸浅海域は、各県水産試験場が調査研究を担当していた。しかし、時代の流れのなかで〝獲る漁業から造る漁業〟への波は西水研にも押し寄せ、その準備が進められていた。

西水研も「資源培養方式開発のための沿岸域における若齢期タイ類補給機構に関する研究」（マダイ特別研究）に参画することが確定していた。このことが、私が西水研に着任する大きな背景の一つでもあった。西水研はそれまで沿岸域での調査の経験がなく、当時長崎県水産試験場長を務めておられた藤田矢郎《しろう》さんに調査の実際ばかりでなく、漁業協同組合や漁民との付き合い方など目にみえない苦労などについても教えていただいた。成功の秘訣は「あんた方がどれだけ本気になってその研究に熱心にとりくめるかにかかっとりますばい」と初の船出へエールを送っていただいた。

こうしたアドバイスを参考にしつつ、マダイ特別研究開始の前年には、モデルフィールド探しが始まった。この予備調査にはマダイ特別研究の実質上の中核を務められた西水研の畔《あぜ》田《た》正《まさ》格《のり》さん、共同研究の理論的中核を担われた最首《さいしゅ》光三《こうぞう》さん、長崎大学教育学部教授の東《あづま》 幹夫《みきお》さんたちが当たられた。選定にはいくつかの条件が考慮された。なかでも地元漁業協同組合の積極的な支援が得られることとマダイ稚魚を捕獲する漁業（当時はマダイの種苗生産技術が確立しておらず、養殖用の種苗として天然マダイ稚魚が漁獲されていた）が行われておらず、自然状態でマダイの補給機構を調べられる場所であることが重視された。五島列島、壱岐島をはじめ、長崎県下を予備調査した結果、平戸島志々伎《しじき》湾が最有力候補として浮上した。

2　志々伎《しじき》研究室の設置

平戸島志々伎湾は、上記の二条件を十分に満たしていたが、問題は西水研から車で五時間と遠く離れていることであった。遠距離にあるということは頻繁に調査に出かけることができないという重大な制約条件となる。しかし、逆に中途半端な距離ではなかったために、名案が浮上した。現地に寝食が可能な仮設研究室を作るということになった。

当時は時代にゆとりがあったこと、西水研にはいろいろなことに柔軟に対応するおおらかさがあったこと、さらに決定的な条件として事務責任者（庶務課長）の少作昭二《しょうさくしょうじ》さんが非常に柔軟に規則を解釈され、問題が起これば私が責任をとればすむことと腹をくくって、数々の難問を解決され、地元の閉鎖されていた平戸市立志々伎診療所を借り受け、「西海区水産研究所志々伎研究室」が発足することとなった。私たちは、少作さんの手腕に舌を巻くとともに、これだけ支援部隊のみなさんが応援しくださっているのだから、それに応えるよい研究をしたいとみなが感じたのである。

志々伎湾で活躍した調査船「第２漁協丸」

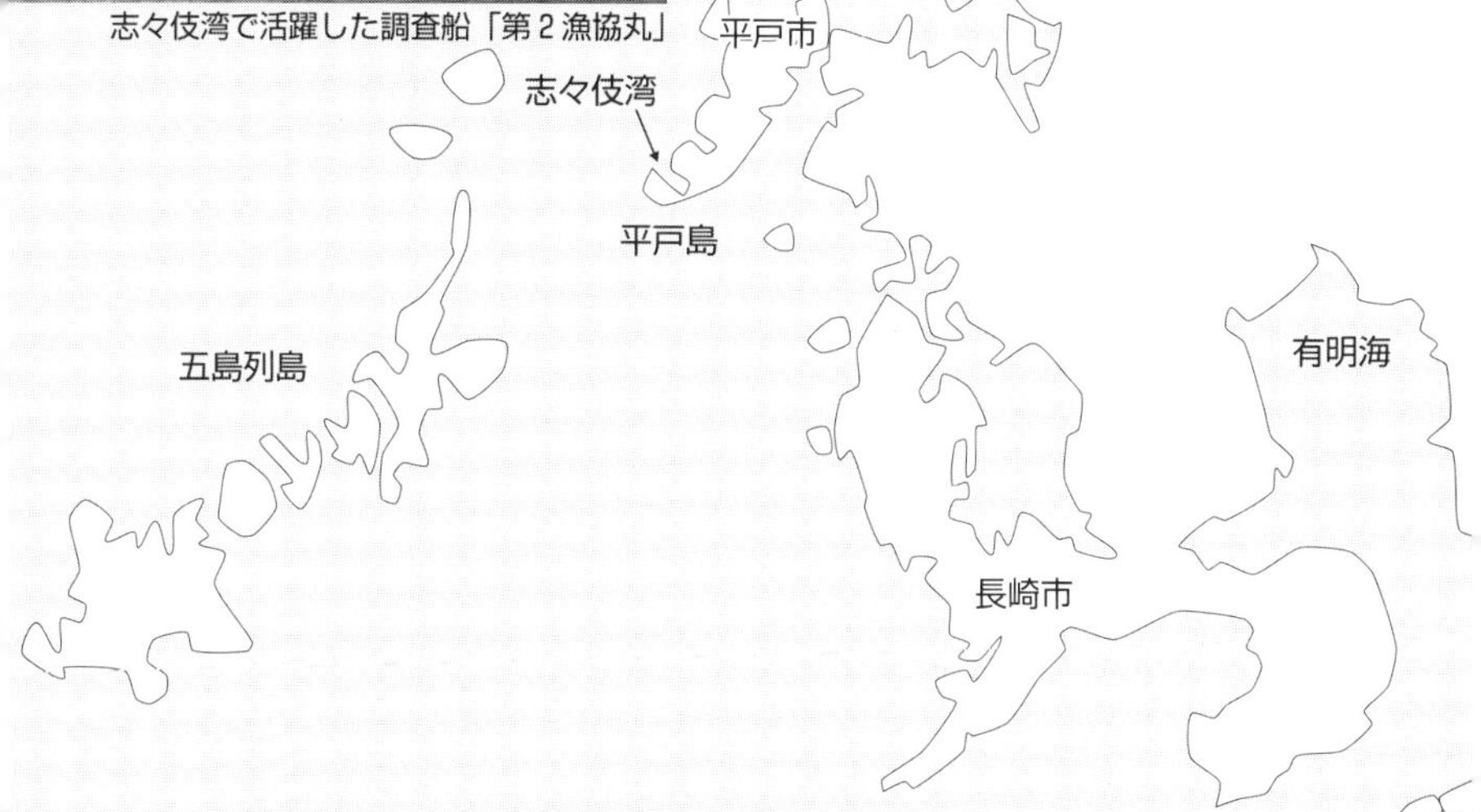

診療所の診察室、待合室、手術室は、ダイニングキッチン、実験室、浴室などに改装された。入院患者のベッドが置かれた個室は寝室となった。なかでも浴室と寝室は、その後いろいろと物議をかもすこととなった。食事とミーティングを終えた後、順次入浴して寝ることになるのだが、広いタイル張りの元手術室の中央にポツンと置かれた浴槽に一人で入るのは、当初慣れないころは勇気のいるものであった。さらに、浴室より奥の薄暗い廊下の燈の下にひっそりと静まり返ったほとんど窓のない寝室に一人で寝るのにも、決断を要した。浴室でどんな手術が行われ、そしてここに入院され命を落とされた方もいるかもしれないなどと思ったりするともうダメである。眠れない夜となった。

このような男所帯の共同生活に花を添えたのは、志々伎漁業共同組合長栗山重夫さんの長男鎮任さんの奥さん、千穂子さんであった。朝夕の食事と昼のお弁当作りや研究室の整理整頓に大活躍していただいた。美人の上にこの上ない働き者ときている。三人の子どもさん（長女真美ちゃん、長男信吾君、次女裕子ちゃん）はみな明るく人懐っこく、時化《しけ》で調査に出られない日には、一緒に山に登ったり、風当たりの少ない磯でニナ（岸辺にいる何種類かの小型の巻貝の総称）を集めてゆでて一緒に食べたりした。

千穂子さんは志々伎研究室でのまかないが良いトレーニングとなり、その後調理師の免許を取得され、民宿栗山を始められた。当時からすでに三〇年が経過している。民宿栗山はいまもますます繁盛しているようである。当時小学生だった信吾君は高校卒業後、家業を継ぎ、いまでは立派な一人前の漁師としてお父さんと一緒に漁に出ていると聞く。

3 マダイ特別研究の日々

一九七五年にいよいよマダイ特別研究が始まった。四トン積みのトラックに調査機材や生活必需品を満載して、多くの職員のみなさんに送られて西水研を出発したのは四月一九日であったと記憶している。現地では研究室を設営する一方、漁業協同組合に頼んでいた廃船寸前の「第二漁協丸」に海洋観測用の設備を備えつけ、破損部分を修理し、傾き加減の船体のバランスをとるために、片側に土嚢を積むなどの処置がとられた。いまから振り返るといつ壊れてもおかしくない船を用いて、ライフジャケット（救命胴着）も着用せずよく頑張ったものだと、当時の初心者ゆえの〝恐いもの知らず〟の日々が懐かしく思い出される。

船長には地元の古老福田さんにお願いすることとなった。初めのころはロープの結び方もよくわからず、福田船長に叱られっ放しの日々が続いた。そして、しばらくして船を港に係留する際、船長の「おらえ!! おらえ!!」という叫びを、「オーライ、オーライ」と聞き違え、ビット（甲板の短い柱）に結ぶ（おらえる）べきロープを海に放り投げてしまった。さすがの船長さんも怒り心頭にきたようすで、「アンタらとはもう付き合えん」とさじを投げ出されてしまったこともあった。しかし、「コイツらは船のことも海のことも何もわかっとらんが、一生懸命やりおる」との認識が窮地を救ったようであった。先の藤田場長の指摘どおりだと、そのときのアドバイスが思い出された。

最初に稚魚ネット（口径一・三メートル、目合〇・三ミリ、長さ五メートル）の定点曳網に成功した日、研究室に帰るや否やプランクトンサンプルより仔魚の選別を始め、ある程度選別した時点で、はやる気持ちを抑えて実体顕微鏡（低倍率の双眼顕微鏡）下で観察した。なんとマダイらしい仔魚がたくさんいるではないか。これまで自然界域でマダイ仔魚がまとまって採集されたことなど一度もないのに、なんと幸先のよいことかと、みなにすぐさま知らせに行きたい衝動に駆られた。

しかし、念のために色素の出方などを図鑑で確認してみようと思い直した。湾奥の定点で採集された大きさのそろった仔魚は、残念なことにカサゴであった。志々伎湾内の各所にはガラ藻場の岩礁域があり、たくさんのカサゴが分布しているのである。カサゴは卵胎生魚であり、仔魚は母親のお腹の中でふ化し、数日を経過した後、摂餌可能な状態で出産される。四月下旬はちょうど出産期に当たり、たくさんの仔魚が採れても何の不思議もないのである。

カサゴに敗北した思いを振り払い、もう一つの可能性にかけてみた。湾口部の定点で採集されたマダイ仔魚候補である。再び世の中そんなに甘くはないことを思い知らされた。それらの仔魚はマサバであった。

こうした〝苦難の日々〟を送りながら、一カ月も経過すると調査にも慣れ、湾口部から湾外を中心にマダイ仔魚の採集が確認された。六月に入ると湾奥部では底曳網で数センチのマダイ稚魚が獲れ始め、調査は軌道に乗り出した。さらに成長したマダイの幼魚を採集するために準備した吾智網《ごちあみ》（底曳網の一種でおどしとチェーンのついたロープで岩場などから魚を追い出し、漁獲する）の操業が始まると、数センチから二五センチ程度のマダイが大量に採集された。体長組成を調べてみると、大きなマダイの多くは前年生まれの一歳魚であり、なかには二歳魚も混じっていた。これらの一～二歳魚は体長や体重などを測定し、胃を摘出すると用済みとなる。もちろん、夕食に塩焼き、煮つけとして食卓を飾る。

なかでもタイ茶漬は最高のご馳走であった。刺身状に切ったマダイの身を栗山家〝秘伝〟のタレにつけ込み、それをご飯の上に乗せ、熱いお茶をかけるのである。最初に出されたときは、みな、〝ウマイ〟と感動のひと声を発した後は、黙り込んで競い合うように何杯もおかわりをした。民宿栗山を再度訪れたいと願っているのは、このタイ茶漬をもう一度食べたいとの思いからでもある。

4 トラブルを乗り越えて

長崎県の端に位置する静かな漁村に、突然町から何人ものよそ者が来て、志々伎湾のあちこちでいろいろな漁具や観測器を使って一年中調査をするのである。漁民はそうしたことには過敏であった。湾奥部のアマモ場がマダイ稚魚の成育場になっているかどうかを確認する地曳網の試験操業を行ったが、その結果、アオリイカが獲れなくなったとの苦情が持ち込まれた。また、湾内の岩礁域で操業している刺網（魚の通り道などに網を設置し、からまった魚やエビカニ類を採捕する）に、漁具や測器を引っかけて破損させてしまうなどのトラブルも生じた。

こんなときには、日頃はあまり口をはさまず、みなの動きを楽しげに眺めながらドッシリと座っている、研究代表者伊東佑方《いとうすけかた》底魚資源部長の登場となる。伊東さんに最首《さいしゅ》さん、さらに海洋調査関係を担当し、船や測器の故障に迅速に対応された浜田七郎さんたちが一升瓶を提げて、夜、漁師さんの家を訪れ、謝罪とともにこの調査の意義への理解を深めることに努められた。純朴そのもので、トツトツと話をされる伊東さんの人柄が、何度も窮地を救ったのではないかと推察している。

それにもかかわらず、納得がいかない漁師さんの反対（調査中止）の要請で、緊急の漁協臨時総会が開かれたことがあった。固唾を呑んで見守るしかなかった私たちに届いた一報は、「調査継続」を認めるという朗報であった。これには「志々伎湾を昔のようにもう一度マダイの宝庫にしたい」との組合長の熱い思いが、反対を包み込んだに違いないと確信した。こうしたことを契機に、時化《しけ》で出漁できない日には漁師さんチームとソフトボールの試合をして、日頃なかなか口をきくことのなかった漁師さんとも、打ち上げを兼ねた懇親会で交流が深まった。

個人的なトラブルとして記憶に新しいのは、潜水観察中の偶然の〝事故〟であった。水泳があまり得意でなかった私に、畔田《あぜた》さんは「泳ぐのと潜るのは別物だ」と、いきなり砂浜での潜水実地訓練となった。最初のころは、ウエットスーツを着るだけで体全体が締めつけられ、息苦しい思いがした。そんなことにはお構いなしにアクアラングを背負い、簡単な説明を受けた後、数メートルのアマモ場での初潜水となった。要注意は、浮上するときに呼吸しながら、小さな泡が浮上するのと同じくらいの速度でゆっくり上がること、浅いほど水圧変化が大きいから油断しないこと、の二つであると強調された。次の問題は水圧変化への対応であった。数メートルも潜ると水圧差で耳がひどく痛くなるので、鼻をつまんで〝ツン〟とするか唾を飲み込むと調節ができる。マスクにかかる圧力は鼻から空気を送ればよい。

二日後には、いよいよマダイ稚魚が集まっている水深一〇メートルほどの砂底域での潜水となった。潜る前にはずいぶん緊張した。思い切って船べりから後ろ向きにマスクとマウスを押さえて飛び込んだ。表層近くでは底が見えず、深海へ吸い込まれるような不安に駆られたが、四〜五メートルも潜ると海底が見え始め、無事に着底した。初めての水中散歩である。

数メートルも移動するとマダイ稚魚が数尾泳いでいるではないか。感激の一瞬である。船上から漁具を通してしか想像することのできなかったマダイ稚魚が目の前に泳いだり、海底に口をつきつけて摂餌していたのである。しばらくして落ち着いて見ると、随所に海藻とは異なる植物（ウミヒルモという海草）が生えている。ところどころには梅干のような色と形をした底生動物（イソギンチャクの一種）がいる。マダイよりたくさんのハゼ類が海底直上（五〜三〇センチ）を泳いでいる。そして、いちばんの発見は、海底直上一面に霞がたなびくように微小な動物プランクトン（カイアシ類）の集団が分布していることであった。

底生生物の調査に潜水作業が用いられることとなった。底生動物の微細分布を調べようというのである。海底に目盛をつけたロープを設置し、目盛ごとに船から降ろされてくる採泥器をダイバーが操作して、厳密な定点採集をするのである。私は、採泥器を海底で扱う役を受けもった。ロープを引っ張って合図をすると、採泥器は浮上し、しばらくすると降ろされてくる。

ちょっと油断したのであろうか、待機中に海底のようすなどを観察しているところへ、上から勢いよく落下してきた採泥器が後頭部に見事にヒットしたのである。そのショックで採泥器が閉まってしまえば、私の頭がはさまれて〝採頭〟されていたかもしれない。幸いなことにそれはまぬがれ、コブができるだけですんだ、と思ったのが間違いであった。当時のスキューバボンベにはリザーブバルブがついていて、空気がなくなりかけるとそれを引いて浮上用に使うのである。

作業を続けるうちに主ボンベの空気がなくなり、リザーブバルブを降ろそうとしたが、動かない。すでに降りていて、リザーブ用の空気を使っていたのである。先のヒットは、リザーブバルブを降ろしていたのである。とにかく一刻も早く浮上する必要に迫られた。わずかに残っていた空気を使い、かろうじて浮上した。一〇メートルがなんとも長く感じられた。水深がもっと深いところであったらどうなっていたかわからない。船上で採泥器を操る役の東さんは「ワシのコントロールはすごいだろう」と笑顔で冗談を言われたが、こちらは潜水の未熟者、笑い返すゆとりはなかった。

5 マダイ特別研究の成果

研究の具体的成果は、別の専門書にまとめられる予定であるが、本書では「森里海連環学への道」に関連したいくつかの研究成果を紹介しよう。

かつては湾内にも多くのマダイの成魚がいたこと、藻場は魚たちの〝ゆりかご〟という一般論から、志々伎の漁民はマダイは湾奥の藻場に卵を産みつけると信じていた。多くの底魚類では仔魚期には水中で浮遊生活を送るが、稚魚期には底層に着底し、底生生活を送る。浮遊生活期のマダイ仔魚の分布の中心は明らかに湾口部にあり、湾の中央部より奥で採集されることはなかった。このことはマダイは浮遊性の卵（卵径〇・九〜一・〇ミリ）を湾外で大量に産み、ふ化した仔魚（二・五ミリ程度）は潮流に流され、志々伎湾口部のような還流域（渦流域）に集合し、成長とともに湾奥部に移動すると考えられた。それは底生生活へ移行した直後と推定される体長一〇ミリ前後からより大きな稚魚は湾奥部の水深一〇メートル前後の砂地の海底域に出現するからである。

この〝仔魚の湾口部〟から〝稚魚の湾奥部〟への移動過程には、餌生物の分布が密接に関連していることが推定された。その根拠になったのが、潜水観察で発見した、海底直上にじゅうたんのように広く濃密に分布するカイアシ類の存在であった。実際に湾口部から湾奥部にかけて表層、中層（水深の二分の一層）、近底層のカイアシ類を採集してみると、マダイ稚魚が摂餌活動を行う昼間にはカイアシ類は湾奥部ほど多く、また底層ほど多いことが確認された。稚魚への移行期のマダイは、このようなカイアシ類分布の密度傾斜に誘導されて湾奥部に到達し、着底稚魚となることが推定された。マダイ稚魚は二〜三センチになると、主食を浮遊性のカイアシ類から底生のヨコエビ類へと変える。近底層にカイアシ類が密集し、マダイが着底する場所はヨコエビ類が高密度に分布する場所とも一致するのである。

マダイ特別研究の実施期間は、一九七五年から一九七七年までの三年間であった。私たちにとってたいへん幸運なことは、一九七七年には七五年や七六年の一〇倍以上の発生となり、志々伎湾奥部という限られた成育場は過密状態になり、稚魚の成長にも明らかに他の二年にくらべて停滞が認められた。その後の調査により、この成長の遅れは、一歳魚まで継続して確認された。通常の年にはほとんど分布しない、湾中央部の水深二〇メートル域や水深五メートル以浅のアマモ場にも、マダイ稚魚の分布が拡大した。この傾向は成長とともにより顕在化した。さらに食性にも顕著な年による差異がみられ、一九七七年は過密状態を反映して体長五〜六センチまで小さなカイアシ類に依存せざるをえない状態が続いた。

このような年による発生量の違いと関連した生態上の変化を確認した私たちは、特別研究が終了した一九七八年以降もさらに発生量の経年変化に関する調査を一九八三年まで継続した。この九年間のうち、著しく発生量の多かった（卓越年級であった）一九七七年と一九八三年を除くと、マダイ稚魚（当歳魚）の量とこの年級が生き残って一歳魚になった量との間には高い相関関係が認められた。ところが、一九七七年や一九八三年のように圧倒的に当歳魚の多い年には、翌年の一歳魚の量は少なくなる密度依存的減耗が認められた。すなわち、ある限界（生態学的には環境収容力とよばれる）を超えて当歳魚が増え過ぎると、生息空間的にも、餌生物の分配のうえでも不足をきたし、多くの当歳魚が死亡することを示している。

以上の結果は、研究の具体的な成果として評価されるとともに、生きものは、広くいろいろな条件の異なった場所で比較するとともに、ある特定の場所において長期的に調べることによって、初めて本当の姿を見せてくれることを教えてくれることとなった。場所や時を違えたさまざまな条件下で見せるさまざまな〝顔〟をたくさん集めてこそ、その実像に迫れることを学ぶことができた。

6 ヒラメ稚魚との出会い

志々伎漁業協同組合には、湾外の五島灘で漁獲されたヒラメ成魚がたくさん水揚げされる。湾口部から湾外では、マダイ仔魚とともにいろいろな大きさのヒラメ仔魚がたくさん採集されるにもかかわらず、変態を完了して着底したヒラメ稚魚はまったく採集されないのである。この謎を解き明かしたのは長崎大学水産学部修士課程の柴崎賀広《よしひろ》さん（のち長崎県庁）であった。彼は、志々伎湾におけるヒラメ仔魚の出現と分布をテーマに修士論文を書き、これだけ多数の仔魚が採集されているのだから、湾内のどこかに稚魚がいるに違いないと考え、一人で操作が可能な手押し網で、マダイ稚魚の採集が行われなかった岸辺の砂浜での採集を試みた。

灯台下暗しとはこのことであろうか。スキューバ潜水の練習をした湾内でもっとも広い砂浜が広がる田ノ浦の潮間帯で、着底直後の十数ミリから数センチのヒラメの稚魚を発見したのである。本人はきわめて平然と「ヒラメ採れました」と稚魚を見せてくれたが、一同これは大発見と驚きの声をあげた。浮遊仔魚期には同じころに同じように湾口部に分布するマダイとヒラメは、変態期を終えるころ（稚魚になるころ）には、前者は水深一〇メートル前後の砂底域に、後者はさらに岸寄りの水深一～三メートルの砂浜に着底する。このことから、魚類の生活様式やそれにともなう成育場（稚魚が育つ場所）は、種ごとに見事に分かれることを知ることとなった。

この発見がきっかけとなって、その後全国規模で展開された大型研究「近海漁業資源の家魚化システムの開発に関する研究」（マリーンランチング計画）へと志々伎湾の研究は継続することとなった。

後に述べるように、私は一九八二年に長崎から京都に移ることになるが、マリーンランチング計画は一九八〇年より始まり、一〇年間継続したため、京都へ移ってからも毎年五月には志々伎湾に通うこととなった。私のテーマは、ヒラメ浮遊期仔魚の分布と成育場への接岸着底過程の解明であった。

浮遊期仔魚の調査は、西水研の調査船陽光丸（五〇〇トン）を用い、五島灘に配置した定点において行われた。夜の調査では、トビウオが飛び込んできたり、光にいろいろな稚魚やイカの子どもが集まることに出くわす。もっとも驚いたのは風波が強く、調査を中断して船を流している最中に、一〇トン前後の小型の漁船が操業しているのである。甲板員の人に聞くと、「あれは韓国の密漁船だよ。日本の船が操業しないような悪条件をねらって操業する」との返事が返ってきた。漁業の国際間の厳しい現実、違反操業せずには生きていけない漁民の厳しい現実に直面した。

マダイ特別研究での教訓、長期的視点で生き物の生態を解明することにもとづき、マリーンランチング計画では、変態仔稚魚の成育場への加入（来遊）パターンを見るため、田ノ浦をモデルに、なるべく長期間連続的にヒラメ稚魚採集用の桁網《けたあみ》を曳網することを決めた。最大の問題は長期間現地に泊り込み、雨の日も風の日も一日も欠かさず、同じ場所で桁網採集を行ってくれる学生が現れるかどうかにかかった。たいへん幸運なことに、一人の四年生（のち日本海区水産研究所、後藤常夫さん）と一人の大学院生（のち愛知県水産試験場、冨山　実さん）が名乗り出てくれた。四月中旬より五月下旬まで民宿栗山に泊り込んで、当時西水研の首藤《すどう》宏幸さんとともに四一日間にわたって一日も欠かさず採集することに成功した。

このような連続採集は国内外できわめて珍しいことであり、国際会議で発表したときにもたいへん関心をもたれた。しかし、こうした初の試みを準備周到の上に実施するときにかぎって、

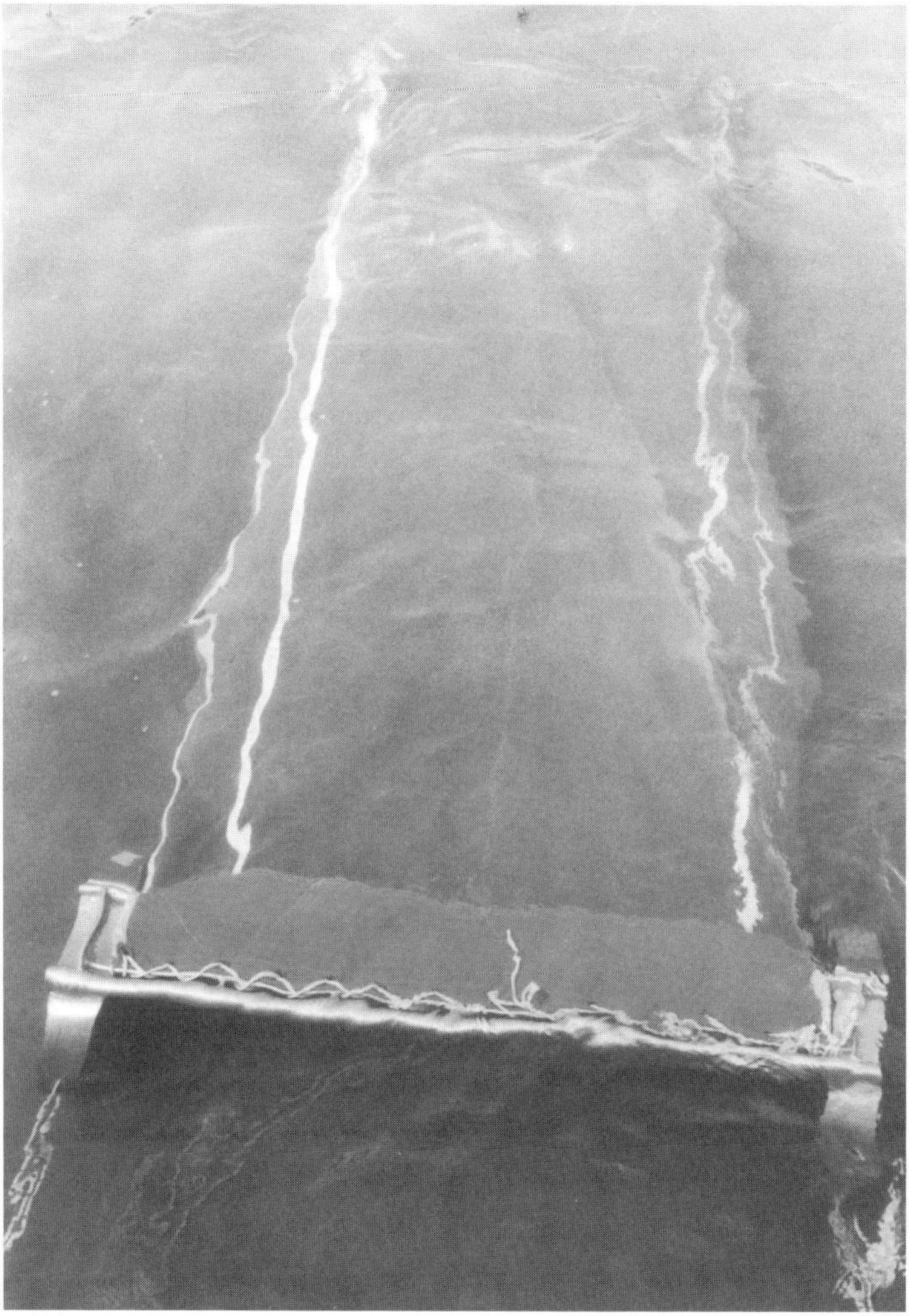

桁網《けたあみ》

自然はちょっとした〃イタズラ〃をするのである。ヒラメもマダイと同様に稚魚の発生量には年によってかなりの変動がみられる。この調査を実施した年の発生量は前年までの数分の一程度の〃はずれ〃の年に当たってしまった。しかし、船外機付きボートで四一日間調査ができたし、天候に恵まれたことには感謝しなければならない。

最も顕著な傾向は、この間の三回の大潮期には着底仔魚の採集尾数は多く、三回の小潮期には少ない点であった。そして、採集された九二七尾の仔魚の体長組成を見ると、着底直後の体長一一ミリにピークをもち、体長一四ミリまでの間、日数では推定一週間の間に採集個体数は激減した。〃着底減耗〃が生じていることが推定された。胃内容物の分析においても摂食量が他海域産のヒラメにくらべて少ないこと、もっとも好みの餌生物であるアミ類の比率が著しく低いこと、三〇ミリを超えるヒラメ稚魚が一〇ミリ前後の着底稚魚を共食いしていることなどから、田ノ浦はヒラメ稚魚にとっては好適な餌環境にないと考えられた。とくに、同じ年生まれのヒラメ稚魚同士が共食いする現実に驚かされた。

7　有明海のスズキ稚魚

西水研に就職後、マダイ特別研究に専念していたために、大村湾や有明海など他の内湾の調査に関わる機会がなかった。なかでも有明海においては、マダイ特別研究とほぼ同じころ「東シナ海・有明海栽培漁業推進資源生態調査」がマダイ、スズキ、ガザミを対象に有明海を囲む四県の共同調査として実施されていた。とくに、佐賀県と福岡県は湾奥部に多いスズキを担当したが、体長を測定するのに手一杯であり、消化管内容物まで調べる時間がないため、その仕事を引き受ける役が私に回ってきた。

得られた試料は、六角川、筑後川、塩田川、塩塚川などの河口域で採集された体長一五ミリ前後から五〇ミリ前後までの仔稚魚であった。消化管内容物を調べる前に体長と採集時の塩分の関係を調べてみると、体長二〇ミリ前後でほぼ淡水に近い低塩分域で採集されている個体がいることがわかり、たいへん驚いたことを覚えている。このことがきっかけとなって、有明海とスズキにその後三〇年以上にわたり、今日まで付き合うことになったのである。

消化管内容物を調べると、三〇ミリ以下のスズキ稚魚の胃の中から、個体によっては数百尾もの同種と思われるカイアシ類が出現し、三〇ミリを超えるとヨコエビ類やその棲管《せいかん》（海底堆積物や粘液などで作った管）がたくさん出てきた。前者は、その後の研究から判断して、低塩分高濁度汽水域に高密度に生息するカイアシ類シノカラヌス＝シネンシスと考えて間違いない。一方、後者のヨコエビ類はその後、首藤さん（現養殖研究所）に同定をお願いしたところ、すぐにタイリクドロクダムシであることが判明した。そして、この両者とも故郷を中国大陸沿岸にもつ大陸沿岸遺存種であり、わが国では有明海の湾奥にしか生息しない特産種なのである。当時は、こうした奥の深い存在であり、その後二十数年を経て〝大陸沿岸遺存生態系〞説（後述）へとドラマが展開することなど知る由もなかった。

もう一つの幸運は、最初の研究室長に代田《しろた》昭彦さんを迎えたことであった。代田さんは独特の発想で、当時九州でも発生し始めていた赤潮生物である渦鞭毛藻類（植物プランクトンの一種で毒性を持つものも多い）を、粘土粒子に吸着して海水中から除去する研究に専念しておられた。このことと関連して有明海の濁りにもたいへん興味を持たれ、川から流れ込んだ粘土やシルト粒子が海水と混じり合うと電荷が変わり、たがいに吸着して大きなフロック（粒状物）を形成して濁りの源となるという考えを提唱された。一九八〇年に筑後川河口点を起点に上流側に約五キロ間隔で三定点を、下流側（沖側）にも約三キロ間隔で三定点（合計七定点）を定め、大潮や小潮、上げ潮や下げ潮で水温、塩分、濁度、栄養塩などの測定を行うとともに、稚魚ネットの表層曳きによる仔稚魚の採集を試みることとなった。

こちらは六メートル近くにおよぶ日本最大の干満差を誇る天下の有明海である。岸辺は軟泥であり、激しい潮流が生じる。船の出入港も潮時に合わせ、時間との争いである。口径一・三メートルの稚魚ネットを、アンカーで停泊した漁船の船尾から一〇分間垂下し、潮流によって網に流入する仔稚魚の採集を試みたが、いざ網を揚げようと総出で思い切り引っ張ってもまっ

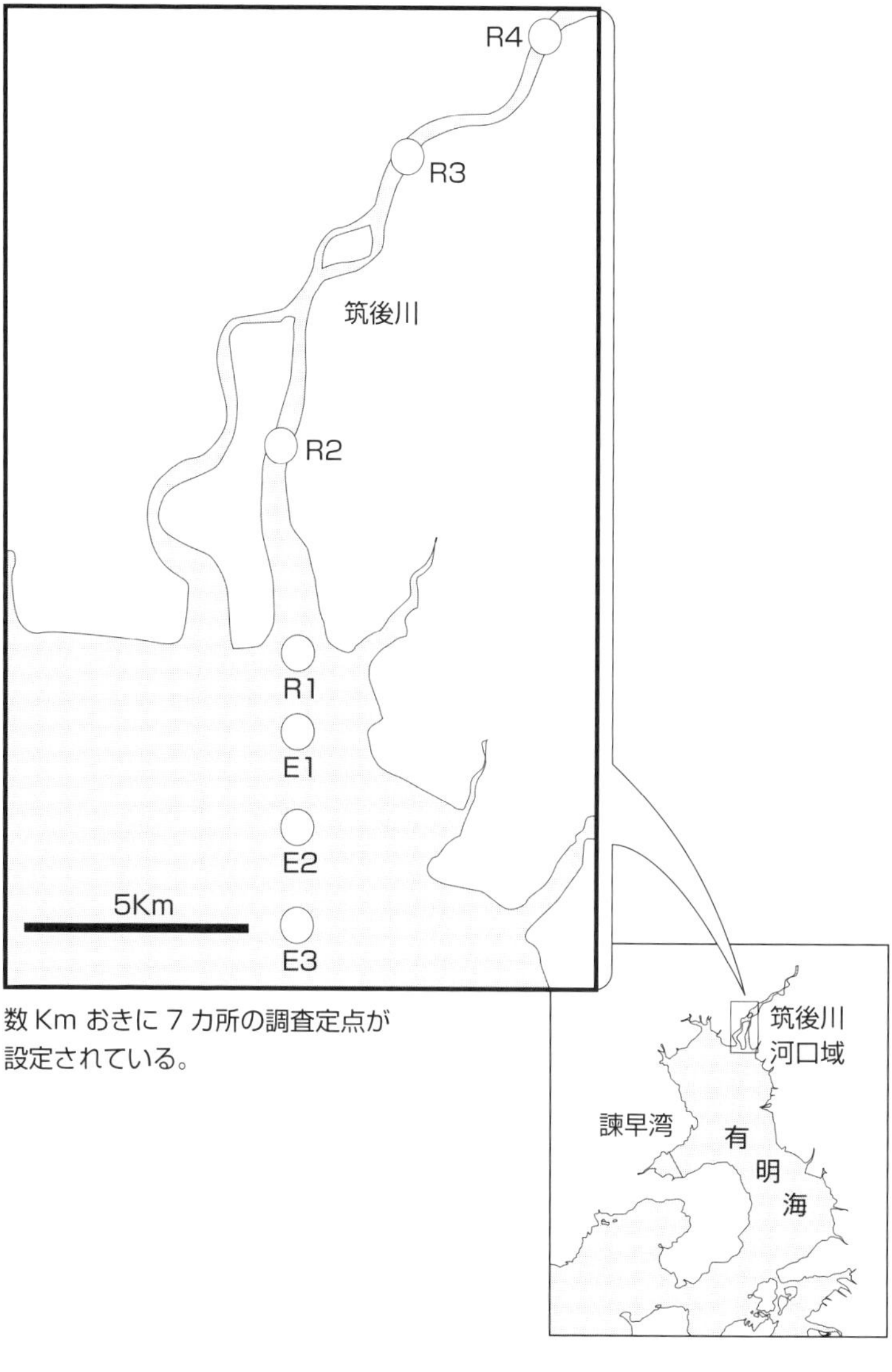

数 Km おきに 7 カ所の調査定点が
設定されている。

たく動かない。見るに見かねた船頭さんが、「あんたら、そりゃ無理だわ」とロープをビットに結び、アンカーを揚げてやっとの思いで網を回収した。潮流のすごさを実感した。それ以後は、船尾から二〇メートルほどロープを出し、上流向きに曳き、回収時には船を稚魚ネットに近づける方法で、今日まで毎年三〜四月を中心に採集を継続している。

第4章　京都での二五年間の研究

一九八二年六月三〇日に、三〇代の大半、八年二カ月を楽しく過ごした長崎に別れを告げた。西海区水産研究所（西水研）のみなさんに送られて玄関を出ると、さまざまな思いが込み上げ、感極まったことが思い出される。水産研究所の場合、一〇年前後での異動が多かったため、いずれはどこかへ転勤とはなるが、長崎にはまだまだ居続けたい気持ちでいっぱいであった。しかし、大学の人事はポストが空いた時に生じるため、そんな選り好みはできない。舞鶴で卒業論文、修士論文、学位論文のご指導を受けた恩師岩井 保先生には所長に御挨拶《あいさつ》のため、長崎までお越しいただいた。当時はフィールド調査三昧で、まだ海外の国際会議で発表した経験もなく、学術論文数も不十分であった私の潜在能力を高く評価してくださり、厳しい選考過程をクリアーしていただいたに違いないと、今になってそのご苦労に応えられることができたかと自問自答している。

1　世界の稚魚研究のメッカに

舞鶴での一〇年の飼育実験研究、長崎での八年のフィールド研究を基礎に、今後の研究方向を飼育実験とフィールド調査を組み合わせた生理生態学的研究に定めた。当時、仔稚魚《しちぎょ》研究分野には二人の巨匠がいた。一人はスコットランドのダンスタッフナージ海洋研究所のジョン＝

ブラックスターさんであり、もう一人は米国サンディエゴにあるＮＯＡＡ南西水産研究所のリューベン＝ラスカーさんであった。

ブラックスターさんは、一九七三年に事実上の第一回国際魚類初期生活史シンポジウムを主催し、翌年にはこの分野のバイブル的存在ともなった報告集『魚類の初期生活史』を発行された。私が同氏に会うのはずっと後になるが、当時同氏の論文をむさぼるように読んだことを覚えている。ブラックスターさんは当時の私には雲の上の人であり、この分野のカリスマ的存在であった。研究内容は大規模なフィールド調査によるというよりは、室内実験や個体発生の詳細を記述する古典的なものであった。

一方、ラスカーさんは、同僚のジョン＝ハンターさんと共同でカリフォルニア海域のカタクチイワシをモデル魚種に、海洋環境と仔魚の生残に関する興味深い論文をつぎつぎと発表されていた。とくにカタクチイワシ仔魚の初期の餌生物は、それまでの常識を破って、植物プランクトンの渦鞭毛藻類ギムノディニウム＝スプレンデンスであることを、飼育実験とフィールド調査の両面から明らかにした。このギムノディニウムは植物プランクトンであるため、鉛直的にはある水深帯に集中的に分布し、クロロフィル極大層（植物プランクトンが集中分布する層）を形成する。これはカタクチイワシの摂餌開始期の仔魚にとってたいへん好都合な条件であり、高密度の餌に恵まれ、生き残りにきわめて重要な存在となる。

実際に一九七四年四月八日にはこのクロロフィル極大層は一五メートル水深帯に存在したが、その翌日には激しい嵐が発生して上下混合が生じ、四月一一日の観測では、クロロフィル極大層は完全に消失し、ギムノディニウムは表層から三〇メートル層に低密度で分散的に分布していた。カリフォルニア海域では陸岸沿いに北西から南東に強風が吹きつづけると、エクマン輸送（強風によって生じる表層流）が生じ、表層の水は沖合方向に流れ、それを補うために陸岸沿いに海底から表層方向への湧昇流が発達し、クロロフィル極大層は形成されなくなる。こうした一連の調査を通じてラスカーさんは、カタクチイワシの生き残りには海の安定性が不可欠であるとの Ocean Stability 説（海洋安定説）を提唱するに至った。

こうした二人の著名な研究者に刺激され、また西水研時代のフィールド研究の蓄積が自信ともなって、今後の研究を展望し、研究室に来て以来半年ほど経過したセミナーにおいて、研究計画や抱負を紹介した。いまから思うと冷や汗ものであるが、「この研究室を世界の稚魚研究のメッカに」という抱負を述べたと記憶している。当時は、まだ世界の舞台へ登場したこともないのに、よくもあんなことを言ったものだといまでは思うが、当時はそうした気概に燃えていたのであろう。

2　第八回仔稚魚《しちぎょ》研究会議（LFC）への参加・発表

海外の国際会議への初参加は、一九八四年五月にやってきた。アメリカ水産学会初期生活史セクション主催の第八回仔稚魚研究会議（LFC）がバンクーバーのブリティッシュコロンビア大学で開催された。日本からは、千田哲資、沖山宗雄、塚本勝巳、山下　洋、辻　祥子、木下泉さんなどが参加した。千田先生、沖山先生、辻さんを除いて、私もふくめて他四名は、この第八回LFCが世界初デビュー戦であった。私のタイトルは「平戸島志々伎湾におけるマダイ稚魚の接岸回遊」であった。なにしろ四〇歳を超えての遅咲きデビューである。〝四〇の手習い〟とばかり半年間ほどラジオ英会話を聞いて、トレーニングに励んだが、現場では多様な英語が早口でしゃべられ、ほとんど聴き取れなかった。二つほど質問を受けたが、少し複雑な質問の方はよく聞きとれず、沈黙の〝長い時間〟が流れた。質問者が、「コーヒーブレイクに個人的に話そう」という助け船を出してくれて、その場の難を逃れた。

LFC終了後、塚本、山下、辻さんと四人で西海岸を南下して、サンディエゴまで行くことになった。最初の訪問先はシアトルのNOAAアラスカ北西水産研究所であった。対応していただいたアーサー＝ケンダールさんは、仔稚魚の発育ステージ区分を整理し、世界の研究者が広く活用している論文の著者である。シアトルの名所を案内していただいたが、そのなかには近年、イチローと城島が大活躍しているセーフィコ球場があった。当時はまだ日本人メジャーリーガーなど考えられなかった時代である。研究分野においても、魚類の初期生活史研究分野の〝メジャーリーガー〟は存在していなかった。

シアトルから南下して次の訪問地はオレゴン州のポートランドであった。オレゴン州立大学の海洋研究センターとNOAAの水産研究所の施設が併設されていた。カレイ類の稚魚研究で有名なピアシーさんの本拠地である。歓迎会に先立って釣りをすることになった。二五センチほどのメバル類が二尾釣れた。幸いにも醤油があり、山下さんがメバルの煮付けを作った。新鮮な素材であったのでアメリカの研究者にも好評であった。ピアシーさんのお宅も林の中にあり、犬を連れて散歩するには好適な林道が回りにはりめぐらされていた。頭を休めたいとき、あるいは瞑想に耽りたいときに自由に気持ちのよい散歩に出かけられるのはとても素晴らしいことだと実感した。

最終訪問地はサンディエゴ、ラホヤにあるNOAA南西水産研究所であった。到着するとすぐにセミナーが開かれ、四人がバンクーバーでの発表を行った。もっとも印象に残っているのは、当時所長を務めておられたラスカーさんの研究室を訪ねたとき、本棚から私の学位論文のエッセンスが掲載されていた『水産学シリーズ』二六号の「稚魚の摂餌と発育」を取り出し、サインを求められたことであった。突然の申し出に戸惑いながら、震えそうになる手でサインしたのを覚えている。このことがきっかけとなって、後年、日本をご夫妻で訪問された際、ちょうど公開されていた京都の苔寺をご案内した。ラスカーさんはたいへん残念なことに、その後癌を患われ、闘病の甲斐もなく亡くなられた。そうした自らがたいへんなときにも、当時人間関係で悩み、少し落ち込んでいた私に激励の手紙をくださり、たいへん元気づけられたことを覚えている。

3　稚魚の生理学的研究

二〇歳代の大学院生時代の研究は、おもに組織学的手法による形態学的研究に終始した。一方、三〇代の西水研時代には、ほとんどはマダイ仔稚魚の生態学的研究が中心であった。それまでの研究を通じて、物事を総合的にとらえることの重要性に気づき始めていたので、京都に戻ってしばらくすると、自然界の現象を理解するうえでも生理学的研究の重要性に思いを馳せていた。

そんなとき、当時東京大学海洋研究所の沖山宗雄先生から、魚類資源再生産機構の初期過程に関する文部省の研究への参画の声をかけていただいた。そこで、生理学部門の平野哲也先生とめぐりあうことができた。平野先生の研究グループは、魚類内分泌学の魚類初期発生や初期発育への展開に目を向け始められていた。とくにヒラメをモデルにした甲状腺ホルモンやコルチゾル（ストレスに関するホルモンの一種）による変態制御に関する研究を、養殖研究所と連携して精力的に進められていた。

私の研究室はヒラメを中心にいろいろな魚種の飼育実験を行っていたので、他魚種についても甲状腺ホルモンが「仔魚から稚魚への移行」に際して重要な役割を果たしているかどうかを共同で調べることとなった。私たちが研究対象としている仔稚魚は微小なため、何個体も集めて体全体に含まれているホルモン濃度を測定しなければならない。魚のふ化直後の大きさは、成魚になると体長三メートルを超えるようなクロマグロでも、体長一〇センチ程度のカタクチイワシでも、二・五ミリ前後である。分析にはまとまった量の仔魚が必要となるので、間隔をつめて試料を集めるためには、膨大な数の仔稚魚が必要となる。

いろいろな魚種を分析した結果、全体として、仔魚から稚魚への移行期に形が大きく変わる魚ほど甲状腺ホルモンの顕著なピークが見られること、左右どちらかの眼が移動し、体が左右不相称になる異体類（ヒラメ・カレイ類）ではすべての魚種で顕著なピークが見られ、短期間で変態を終える魚種ほどそのピークは鋭くなるなどの共通性が認められた。

同時に、鰭《ひれ》が完成し脊椎が骨化する「仔魚から稚魚への移行期」にはなんらの変化もみられない魚種も存在した。浮遊生活あるいは表層での遊泳生活から岩礁域への着底生活へと、顕著な生活型の変化がかなり遅れて生じるスジアラ（ハタの仲間）やクジメ、アイナメでは、そのときに甲状腺ホルモンのピークが確認された。ヒラメやカレイ類では形態変化と生態変化が同期しているのに対し、それらが同期しないこれらの魚種では、生態的あるいは行動的変化期に甲状腺ホルモン濃度が急増することは興味深い。

ホルモンの分泌中枢である脳下垂体で産生される成長ホルモンやプロラクチン（ＰＲＬ）はペプチドホルモンであり、甲状腺ホルモンのように体全体をすりつぶして抽出することができず、仔稚魚での定量分析は困難である。そこで応用されたのが、免疫組織化学的手法である。この手法は抗原抗体反応を利用し、ラットの血中に成長ホルモンを注入すると、ラットはそれを異物と認識し、抗体を作る。この抗体を含む抗血清を用い、組織切片上で反応させ、適当な方法を用いて発色させるとその存在が確認できる。

この方法はどの組織のどの部分にいつ発現するかを調べるのには適しており、とくに微小な仔稚魚の研究にはたいへん有効である。たとえば、プロラクチンは脳下垂体前葉に局在するので、五ミクロンの連続切片上で染色された面積を計り、それを積算することにより、脳下垂体の体積当たりのプロラクチン産生細胞群の比率（％ＰＲＬ）を算出することにより比較が可能となる。

こうした免疫組織化学的手法の生態研究への応用で、もっとも注目されたのが先述のプロラクチンとNa^+, K^-ATPase（細胞の膜に存在し、塩類の出し入れに関与する酵素）である。プロラクチンは淡水魚が淡水中で生存するのに不可欠なホルモンであり、海産魚の低塩分環境への適応にも重要な働きをしていると推定された。一方、Na^+, K^-ATPaseは体表（仔魚期の初期）や鰓《えら》の鰓弁上などに存在する塩類細胞の働きに深く関わるため、塩類細胞検出の指標とされる。

後に述べるように、有明海のスズキ仔稚魚は河川を溯上《そじょう》するが、海水から淡水近くまでの種々の塩分環境で採集した仔稚魚の％ＰＲＬを求めたところ、淡水で採集された個体の値は三〇％を超えたが、海水中の個体では一五％前後と顕著な違いが認められた。さらに、飼育実験においても、海水中の仔稚魚を種々の低塩分環境に移したところ、同様の結果が確認された。このことは海産魚が淡水域や低塩分域に進入する際、プロラクチンの産生が活性化され、重要な役割を果たしていることを示している。ヒラメの仔魚が変態最終期に潮間帯の砂浜に着底することを先に述べたが、ヒラメ仔稚魚でも変態期に急速に低塩分耐性が向上するとともに、％ＰＲＬも上昇する結果が得られている。

4　水温によって変わるヒラメの変態サイズ

若狭湾西部海域の由良浜（由良川河口域）において、ヒラメ着底仔稚魚の季節的な採集にとりくんでいた南　卓志さん（現東北大学教授）は、おもしろい現象に気づいた。四月下旬に採集されたヒラメ着底仔魚（右眼がちょうど頭の頂点まで移動した変態最終段階の仔魚）の体長は一三ミリ前後であったが、その後徐々に小型化し、六月上～中旬には九ミリ前後になった。採集時の水温は四月下旬が一四度前後であったのに対し、六月上～中旬では二一度前後と顕著に上昇した。一方、京都大学農学部水産実験所で行われた二十数回の飼育実験における着底体長と平均飼育水温との間にも、明瞭な逆相関が認められた。

季節の進行（水温の上昇）とともに、着底サイズが小型化するのはどうしてであろうか。仔魚がしだいに形態形成を進めながら（形を変えながら）大きくなる過程では、量的変化（体長や体重の増加）としてとらえられる成長と、形の変化や新たな器官の分化など質的変化としてとらえられる発育が同時進行する。おそらく高水温下では、エネルギー配分が成長より発育に優先的に回される結果、大きくなるのを抑えて小型での変態が生じるものと推定される。

ヒラメの変態は、両生類の変態と同様に、甲状腺ホルモンによって制御されることが知られている。ヒラメ仔魚を異なった水温下で飼育すると、甲状腺ホルモンの値は見かけ上は低水温飼育群で高く、高水温下で低くなる。このことは、ヒラメのみでなく、ホシガレイやマコガレイでも同様に認められている。これは、高水温下では甲状腺ホルモンの産生は促進されるが、より高い割合でどんどん使用されるため低い値として表われると考えられる。いずれにしても変態サイズの水温による変異は、甲状腺ホルモンの動態と深く関わっていると推定される。

南さんの由良浜でのヒラメ稚魚採集を継承した前田経雄さん（のち富山県庁）は、若狭湾西部海域に加入するヒラメには二群存在することを明らかにした。着底シーズンの前半に加入するヒラメは、西方の山陰沿岸域で生まれ、対馬暖流に輸送されてきたものであり、一方、加入期の後半に着底する群は地元産卵群である。前者は背鰭《せびれ》や臀鰭《しりびれ》の鰭条数《きじょうすう》（各鰭にある筋）が多いのに対し、後者ではそれらの数が少ないという違いも認められた。先の由良浜における変態サイズとの関係では、四月の一三ミリ台の仔魚は山陰からの輸送群であり、六月の九ミリ台の仔魚は、地元産卵群に相当する。変態サイズの違いは、地域個体群の特性である可能性も考えられたが、そのことを確証する証拠は得られていない。

着底時の体長一三ミリと九ミリでは四ミリの差であるが、体重では二倍以上の差となる。着底直後に生じる可能性のある餌不足に対する耐性には、大きな差があると推定される。この点のみに注目すれば、早期に大きな変態サイズで着底した個体の方が生き残りの可能性が高い。

ヒラメの発育にともなう形態の変化（変態過程）

ふ化後１週間

ふ化後３週間

ふ化後４週間、変態完了
間近の着底した仔魚

ふ化後８週間、底生生活
に移行した稚魚

写真提供：独立行政法人
水産総合研究センター

しかし、変態に至るまでの日数は、一四度と二二度では飼育条件下では三倍近くの差が生じる。自然環境下でもかなりの差があることは間違いないであろう。つまり、低水温下では変態にたどりつくまでにより長い期間を要し、その間の減耗率《げんもうりつ》は高水温下より高くなる。このようなトレードオフ関係（二律背反関係）は自然界ではよく見られることである。さらに高水温下では餌生物（アミ類幼生）の平均サイズも小型化して捕食しやすく、捕食者（エビジャコやカニ類など）のサイズも小型化して被食を受けにくいという利点も想定される。このように、個体の生き残りと個体群の生き残りでは意味が異なり、生きものは季節や地域による環境変動に対して個体群としてもっとも効率よく生き残るための戦略をとっているのであろう。

5　ヒラメ稚魚採集全国行脚

若狭湾由良浜でフィールド調査を続けていたヒラメ研究に、思わぬ展開が生じた。それは一九九一年五月の中ごろであった。先述のように、由良浜に着底するヒラメには二群の存在が認められ、そのうちの一群は山陰海域からの輸送群と考えられた。同じ場所で毎年異なった〝顔〟を見せる生きものの姿を根気強く記録していくこと、つまり長期的視点はもっとも基本的なことと考えられるが、同一年に異なった場所で採集を行い、地域によって表す異なった顔を比較することも有効なアプローチと考えられた。

一度、若狭湾への輸送源となっている山陰海域のヒラメ稚魚採集に出かけようとの話が浮上した。当時、舞鶴水産実験所の助手を務めていた木下　泉さん（のち高知大学教授）と青海忠久さん（のち福井県立大学教授）との間ですぐに話がまとまった。すでにヒラメ稚魚の採集が行われていた福岡県玄界灘の浅海域を出発点に、山陰海岸での二泊三日の調査を計画した。出発の拠点は、福岡県津屋崎にある九州大学農学部附属水産実験所である。そこには元長崎県水産試験場におられた北島　力（教授）さんがおられた。これこれしかじかと説明すると、「よし分かった。〝遊びに来い〟」との返事であった。

数日後には、水産実験所のライトバンに桁網《けたあみ》その他の調査器材を積み込んで、九州へと向かった。朝早く出発したので、夕方前には津屋崎に到着した。挨拶もそこそこに、ともかくまずは歓迎会とばかりに早速、海の幸のバーベキューが始まった。九大水産実験所のほとんどすべてのスタッフと学生・大学院生さんたちとの大宴会となった。

津屋崎では、予想とおりヒラメ稚魚が三〇個体ほど採集され、幸先の良いスタートとなった。関門海峡を越えると、なるべく日本海沿いの道路を通り、地図にある海水浴場の砂浜を中心に、ここぞと思う浜で、二人が網を引くのである。採れるという予測と採れないという予測が対立する地点では、昼食を賭けた採集となる。いないと予測したときに曳網するのはなかなか複雑な気持ちである。採れて欲しいと願う気持ちと昼食の予定外の出費を避けたいとの思いが交錯する。不謹慎に採れないでくれなどと思ってしまうと、たいていはその逆の結果となる。

一日に四~五カ所で網を曳いていると、ヒラメ稚魚が採集できる浜かどうかの予想がつくようになる。地形が少し湾入していること、近くに川が流入していること、そして砂の粒子が細かくしまっていること、この三つの条件がそろえば、ほぼ確実にヒラメ稚魚が採集される。山口県萩市の菊ヶ浜海水浴場はまさにこの三条件がぴったりそろった浜であり、水深五〇~六〇センチほどの場所を曳網しているとヒラメ稚魚が気配を感じて動き出すのがよく見えるほどである。

この菊ヶ浜の近くにはホテルがあり、宿泊中の修学旅行生がよく「何をしているんですか」と集まってくる。採集されたヒラメ稚魚を見せてあげると、「ワァースゴイ、カワイイ」などと大騒ぎになる。そこで、ヒラメは生まれたときには普通の魚と同じように、体の両側に眼があって、生後三週間ほどすると、不思議なことに右眼が動いて頭の頂点を越えて体の反対側に移り、ヒラメの形になることや、耳の中にある小さな石（耳石とよばれる）を取り出して、顕微鏡で調べると同心円状の木の年輪のような輪紋が見え、その本数を数えると、そのヒラメの誕生日がわかるんだよ、と説明に熱が入る。こうしたことは各地でときどき起こるが、菊ヶ浜以外ではたいていい海岸を散歩している中高年の方が多く、同じように説明を加えるが、同僚から

桁網《けたあみ》を曳く

は菊ヶ浜の女子高生のときとは熱の入り方が違うと冷やかされたりする。

ヒラメ調査は、山口県、島根県、鳥取県、兵庫県と各県数カ所の浜で採集を繰り返しながら、三日目の夕方には京都（舞鶴）に無事帰着した。天候に恵まれれば、なかなか楽しい調査旅行である。山陰海岸にはまだまだ豊かな自然が残されていることにも気づかされた。この第一回ヒラメ調査がきっかけとなって、三年に一度の〝全国ヒラメ稚魚調査〟が行われることとなった。第一回目の調査は、福岡県から京都府までであったが、全国ヒラメ稚魚調査の名前にふさわしく、日本海を中心に九州南部の鹿児島県吹上浜から、北海道西岸の余市までに拡大することとなった。

一九九一年に続き、九四年、九七年、二〇〇〇年、〇三年とこれまで五回の採集を行ったが、東北調査を青森県の太平洋側まで拡大し、八戸から岩手県、宮城県へと南下したことも二回あった。ここまで拡大していくと、西日本の太平洋側や瀬戸内海をふくめた全国制覇の実現へと思いが募る。しかし、これは至難の業であり、宮崎県、香川県、高知県など、当研究室の出身者や研究上のつながりがある水産試験場などの協力を得て、試料の入手に努めた。

三重県から福島県までは、曳網に適した浜がきわめて少なく、ヒラメ稚魚の採集は困難をきわめた。神奈川県の江ノ島近くで六尾、千葉県の富津で一〇尾採集されたが、他の県ではいずれも一～二尾であった。このことは、ヒラメの漁獲量が太平洋側では少ないことより、予想さ

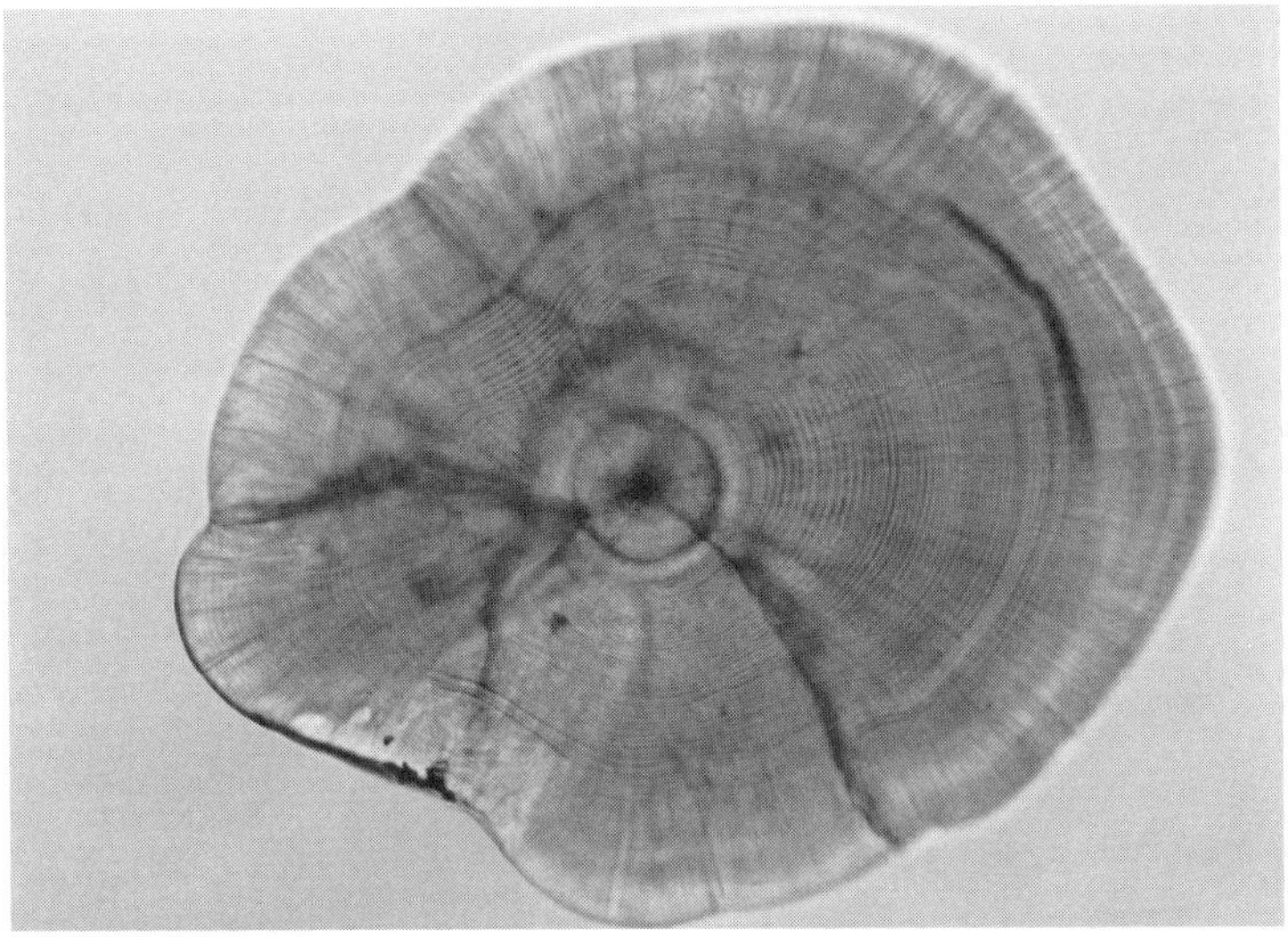

耳石《じせき》の顕微鏡写真

れたことではあったが、太平洋岸のため波が高く、曳網を見送らざるをえないことが生じたうえに、かつて〝白砂青松〟の浜であった場所から砂浜が姿を消し、消波ブロックで固められた場所がいたるところに出現していたことも関係している。

こうした風景は、川という川にダムが建設され、砂泥が堆積したことや、川から大量の砂が建設業のために持ち出され、砂が海に供給されなくなった結果であり、森と川と海のつながりの分断そのものであること、そしてそのことが海の生きものにも重大な影響を及ぼしていることに当時は十分に思いが至らなかった。

6　全国ヒラメ稚魚調査で開けた世界

全国ヒラメ稚魚調査を通じて、各地で稚魚の採集のされ方が著しく異なることにまず気づいた。太平洋沿岸にくらべ、日本海沿岸で採集量が多いこと、日本海側では新潟県南部あたりを境に、北で少なく南では一桁以上多いことが浮き彫りになった。太平洋側と日本海側での差異は漁獲量の差を反映しているが、日本海側では新潟県以北でも漁獲量が西日本より著しく低いことはなく、青森県などは西日本の長崎県に匹敵する漁獲量が揚げられている。また、新潟県水産試験場や青森県水産試験場が実施しているモニタリング調査（経年観測調査）では、調査船を用いて一〇メートル前後の水深帯で稚魚調査が行われ、まとまった量の稚魚が採集されている。北日本では、海岸線が直線的で延々と砂浜が広がるために低い密度で広域的に分散していることになり、波打ち際採集で稚魚が採集されないことと関連しているのかもしれない。

また、西海区水産研究所、鳥取県水産試験場、京都大学水産実験所、新潟県水産試験場、日本海区水産研究所、青森県水産試験場などがそれぞれの海域で調べた稚魚発生量の経年変化には、興味深い傾向が認められた。能登半島を境にしてそれより北の海域で生まれた群の間には、発生量の増減には同期性（年による増減が同調）が見られたのに対し、南部の群間では、北部とは異なったパターンで同期性が認められた。このことは能登半島を境として、日本海の南北には発生のパターン（資源変動のパターン）の異なる群の存在を示している。また、北部群では、十数年に一度程度の割合で、卓越年級群《たくえつねんきゅうぐん》が発生したり、当歳魚の量と資源への加入量との間には相関がみられるなど、南部海域には見られない特徴が認められた。

南北海域において、成長が異なる可能性が推定された。そこで日本海各地の水産試験場によって採集された天然稚魚の体長組成データを用いて日成長《にちせいちょう》（一日当たりの体長の伸び）を推定し、その間（体長三センチから六センチ）に経験した平均水温を対応させた。全体としては、日成長は高水温ほど高い値を示したが、同一水温範囲内で比較すると、能登半島より北の北部群の日成長は、南部群より高い値を示した。

このことは北海道のように産卵期が夏に当たり、一一月以降は水温が低下して成長できないような環境下では、着底稚魚の成長可能な適正水温期が限定され、その間にできるだけ早く成長して越冬に備えることが生き残りに必要なため、成長に南北差が生じた可能性が推定された。このことを検証するために、四年生の谷本尚史君は、長崎県、京都府、新潟県で採集された天然ヒラメ稚魚を同一環境下で個体ごとに仕切った水槽下で、飽食量の餌を与えて飼育した。結果は、「北部群は遺伝的に高い成長能力をもつ」との仮説は支持されず、南北での成長の違いは餌環境によるとの結論に至った。

ヒラメ稚魚をめぐる他の南北問題は、背鰭《せびれ》や臀鰭《しりびれ》の鰭条数《きじょうすう》（各鰭にある筋）にみられた。九四年の全国ヒラメ稚魚調査で得られた魚の背鰭条数を計数すると、北で少なく南で多い傾向が認められた。その変化は能登半島を境に不連続的に変化する傾向を示した。一方、九七年の調査で得られた稚魚の鰭条数には不連続性は認められず、連続的に変化しているように見える。しかし、境界付近の福井県、石川県、富山県では大きな個体（早期着底個体）では鰭条数が多く、小型個体（後期着底個体）では鰭条数は少ない傾向が認められた。これらの境界県では南北群の混合割合が地理的に変異する、すなわち、南寄りの県では南部群の混合割合が、北寄りの県では北部群の混合割合が高くなるためと考えられた。

飼育実験においては、一般に計数形質（鰭条数、脊椎骨数、側線鱗《そくせんりん》数など）は、低水温ほど多くなるのに対し、鰭条数は例外的に高水温ほど多くなる傾向が確認された。このことが自然界でも起こっているとすれば、鰭条数は仔魚期を経過する水温が高い北部群で多く、その水温が低い南部群で少ないはずである。しかし、自然界の鰭条数は逆なのである。このことは、鰭条数が南で多く、北で少ない傾向は、生後の環境条件によって決まるのではなく、遺伝的に決まった傾向であることを示唆している。

第5章　有明海の不思議に挑む

大学院修士課程での真冬のスズキ人工授精の体験、西海区水産研究所（西水研）時代に再会したスズキの特異な河川溯上《そじょう》生態への関心、そして筑後川河口域に設定した定点調査などが背景となって、京都に移った一九八二年以降も、西水研漁場保全研究室ならびに長崎大学水産学部資源学研究室（当時助教授の松宮義晴さん）との共同で、春季の筑後川河口域調査を継続することとなった。当初（一九八五年以前）は長崎大学の学生さんたちが多数現場調査に来てくれていたので、人手を集めることに苦労はしなかった。しかし、松宮さんが長崎を離れられてからは、研究室の学生さんを、柳川名物ウナギのせいろ蒸しをご馳走するからと、毎年最低二人募っての調査となった。九〇年代後半からは、いくつかの研究費を確保して本格的研究へと発展した。

1　不思議の海、有明海

日本列島は複雑に入り組んだ海岸線をもち、総海岸線長は三万キロと世界有数である。東京湾や伊勢湾などとともに、有明海はわが国を代表する内湾である。これらのなかで有明海は、他の内湾に見られない多くの特徴をもつ不思議な海である。

その最大の特徴の一つは、春季の大潮時には干満差が六メートル近くにも達する点である。

それは、干潮時には広大な干潟が形成されることを意味している。九州最大の河川、筑後川が流入する湾奥部には、春の大潮時に河口から五〜六キロ沖合まで広大な干潟が広がる。干潟には多様な無数の生物が生息し、それらが摂取する有機物量は膨大な量にのぼり、陸域から付加された炭素や窒素は漁業や潮干狩りによって、陸へ持ち揚げられる（除去される）。また、干潟の微小な生き物の多くは魚類や甲殻類などの餌となる。すでに干拓が強行されてしまった諫早湾の泥干潟は、三〇万人の都市が排出する物質を浄化する能力があると試算されている。

大きな干満差がもたらすもう一つの効果は、速い潮流である。有明海は基礎生産力が著しく高く、通常の海ではしばしば生じる大規模な赤潮や貧酸素水塊の発生が抑制されてきた。

不思議の海、有明海のもう一つの特徴は、湾奥部を中心に広がる著しく濁った海水である。この高濁度水の存在こそ有明海を有明海たらしめているものである。その正体は〝浮泥〟とよばれ、流れの静かな海ではそれらは海底に堆積してヘドロ化しかねないが、激しい潮流によって巻き上げられ好気的な条件が保たれ、また、それらはデトリタス（生物の死骸や糞粒などに細菌などが吸着した有機懸濁物）捕食者の餌ともなっている。有明海の高濁度水塊は後述のように、有明海にしか生息しない魚（特産魚）の成育に不可欠の役割をはたしている。

有明海沿岸の眺めは一〇月には一変する。見渡すかぎりのノリ養殖の海となる。有明海は、全国のノリ生産量の四〇％を占めている。それは広大な干潟域がノリの格好の漁場になるからである。そのことが全国的に広く知られるようになったのは、二〇〇〇年末から二〇〇一年の冬季に生じたノリの大不作が、諫早湾の締め切りと関連して大々的に報道されてからである。ノリ養殖は干潟に塩化ビニル製のさおを立て、その間にノリの種のついた網を張り、病気の発生を防ぐため酸処理（薬剤投与）を行い、二週間ほどで生長したノリをバキューム器で吸い取るのである。

こうした養殖方法は、季節こそ半年異なるが、陸上での稲作とよく似ている。実は、有明海のノリ養殖業者の大半は、元からの漁師の転業ではなく、減反政策で米作りの道を断たれた農業者なのである。農繁期と農閑期は半年ズレるが、種を植え、肥料を与え、薬で病気を防ぎ、刈り取るという一連の流れは農業感覚そのものである。

しかし、筑後川調査でずっとお世話になった大川市の酒見孝彦さんなどの根っからの漁師さんは、冬には生計のためにやむをえずノリ養殖を営むが、漁師の狩猟本能を抑えての養殖仕事はまったくおもしろくないとのことである。養殖の技術も年々改良され、ノリヒビの支柱もかつてはモウソウ竹が大量に使用され、里山の竹林の維持管理に大きく貢献してきたが、耐久性や扱いやすさなどの理由により、今では一〇〇％塩ビのポールに替えられてしまった。近年では航路筋の導標に竹の束が使用されるに過ぎない。こんなところにも森と里のつながりの消失が見える。

2　スズキの生活史にみる有明海の魅力

スズキは海水から淡水まで幅広い塩分に適応できる典型的な広塩性海産魚類である。利根川では河口から一五四キロ上流の堰の直下で採捕されたことがある。多くの沿岸性魚類が減少の一途をたどるなかで、本種だけは、東京湾、伊勢湾、大阪湾、瀬戸内海などの内湾や内海域で資源量を減らすことなく、現状を維持するか、場所によっては増加傾向さえ認められている。成魚は魚食性が強いために、重金属や有機化合物などが高い濃度で蓄積される傾向にあり、モニタリング調査には欠かせない魚種とされている。また、本種は成長とともに、ハクラ、セイゴ、フッコなどと名前を変え、出世魚として知られている。

スズキの産卵は一般的には沿岸域で行われる。卵や仔魚は、流れによってしだいに浅海域に輸送される。有明海では、一二～一月を盛期に、島原半島沖で産卵され、ふ化した仔魚は成長とともにしだいに湾奥部の筑後川などの河口域に集まる。このころの体長は一三～一四ミリ前後であり、日齢《にちれい》は五〇～六〇日前後と推定される。これらのスズキ仔魚は分布の中心を上流側に移しながら、環境中に多数分布するカイアシ類を摂餌するが、ある時期から胃内容物は単一のカイアシ類によって占められるようになる。とくに、河口点から一〇キロおよび一五キロ上流の定点で採集されたスズキ仔稚魚の胃内容物は、ほぼ一〇〇％がこのカイアシ類シノカラヌス＝シネンシス（以後シノカラヌス）によって占められる。

これらの定点でのスズキの体長は一七～一八ミリであり、日齢は一〇〇日前後である。このことは、スズキ仔魚は約四〇日前後をかけて、河口からほぼ淡水環境の最上流定点に到達することを意味している。摂餌内容からは淡水に近い低塩分汽水域に豊富に存在するシノカラヌスがスズキ仔魚を誘引するように見えるが、仔魚はどうしてそのことを知り、また流れに逆流してどのようにして淡水域にまで到達するのであろうか。塩分が一五～二〇程度の半海水域まではカタクチイワシ、メバル、コウライアカシタビラメなどの海産魚の稚魚は来遊するが、それより上流の低塩分域には決して出現しないのに対し、スズキはどうして淡水域まで出現するのであろうか。

スズキの体長一七～一八ミリは、体形が仔魚から稚魚へ移行する時期（変態期）に当たる。スズキの河口域から河川の淡水感潮域（河川下流域で水は淡水であるが、干満の差を受けて水位は上下する場所）への溯上が変態期に生じることは、偶然的な物理的輸送の結果ではなく、必然的な生息場の移行と考えられる。淡水域への溯上の必要条件として、稚魚への移行期に淡水適応能が高まることや、鰓《えら》の二次鰓弁《さいべん》（鰓には表面積を増やすため多くの鰓弁があり、さらにその上に二次鰓弁がある）上に淡水域で浸透圧調節に機能する塩類細胞が発現することが、実験的に確認

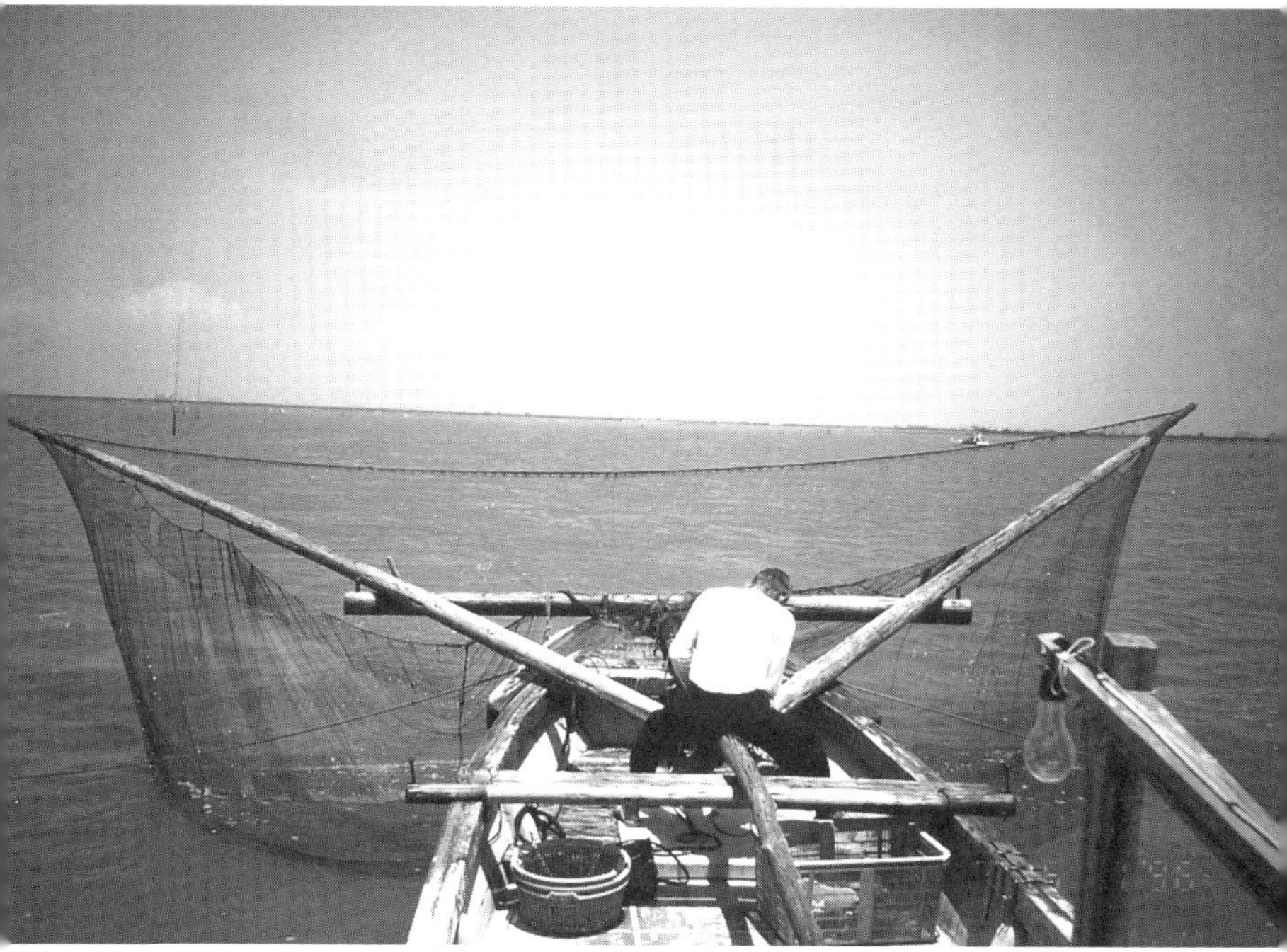

有明海の伝統漁法、繁網《しげあみ》

されている。また、多くの魚類で生息場を変える時期に発現する甲状腺ホルモンの体組織中濃度が、顕著に上昇することも明らかにされている。これらの事実も、有明海のスズキは変態期に淡水域へ溯上する、いわば両側回遊的初期生活史（産卵のためでなく成長のために海と川を往復する生活）をもつことを示している。

スズキの未成魚や成魚がアユなどを追い求めて河川を溯上することは各地で知られている。しかし、このような初期に集団として淡水域へ到達するのは有明海のスズキのみである。太田太郎さん（現鳥取県栽培漁業センター）は、耳石《じせき》にふくまれる微量元素を中心から縁辺に向かって分析した。その結果、淡水中にはきわめて少ないストロンチウムは、体長二〇ミリ前後から著しく低下し、この時期淡水に入ったことを実証している。

有明海には、その環境特性を巧みに生かした、先人の知恵といえる、竹羽瀬《たけはぜ》、アンコウ網、石干見《すくい》などの有明海伝統漁法が存続してきた。有明海産スズキを伝統漁法のひとつである繁網《しげあみ》で漁獲し、得られたスズキ当歳魚の胃内容物を調べてみると、体長四センチまではもっぱらシノカラヌスに依存しているが、それより大きくなるとアミ類へと食性を転換させる。しかもそのアミ類も、単一の種ツノナガハマアミに限定される。スズキ当歳魚は、ツノナガハマアミを主食として、八月には一二～一三センチ前後に成長する。たいへん興味深いことに、これら二種もわが国では有明海奥部にしか出現しない特産種、あるいは準特産種なのである。そしてそれらが分布するのは中国大陸沿岸域であるという共通性をもつ。言い換えれば、彼らの故郷は中国大陸沿岸域と考えられる〝大陸沿岸遺存種〟なのである。

一方、筑後川その他の河川以外の波打際の潮間帯、たとえば湾奥部東岸の大牟田の海水浴場や、西岸の小長井の砂泥渚域でも、多数のスズキ稚魚が採集される。つまり、同じ有明海の中に、河川に溯上するスズキ稚魚と河川に溯上しない稚魚が共存しているということになる。両者は遺伝的に異なった個体群なのであろうか。それとも共通の個体群でありながら、産卵後の輸送過程の微妙な経路やタイミングのずれで両群に分かれるのであろうか。謎の解明が待たれるところである。

3 有明海産スズキは氷河期の交雑個体群

東アジアには三種のスズキ属魚類が生息している。それら三種はスズキ、タイリクスズキならびにヒラスズキである。ヒラスズキは体高が高く、外海性であり、有明海においても稚魚が出現するのは湾口に近い場所のみであり、湾中央部から湾奥部に生息するスズキとは明瞭に分布が分かれる。タイリクスズキは、一九九〇年代前半まではスズキと同一種とされていたが、一九八〇年代後半より中国北部や韓国の一部から大量の天然稚魚が養殖用種苗《しゅびょう》として輸入され、愛媛県宇和島を中心にスズキとして養殖が行われた。

しかし、養殖生簀《いけす》の破損などにより、一九九〇年代前半には瀬戸内海西部を中心に、体側に黒斑のついたスズキが釣れ出し、〝ホシスズキ〟として釣雑誌をにぎわした。そこで、形態学的に再検討された結果、明らかにスズキとは異なることが判明し、中坊徹次さん（京都大学総合博物館）によりタイリクスズキとの和名が与えられた。タイリクスズキは南はベトナムの一部から北は渤海湾まで大陸沿岸に広く分布し、朝鮮半島南部まで生息する。一方、日本周辺では、スズキは北海道南部から九州南部にまで生息する。スズキとタイリクスズキがともに生息しているのは朝鮮半島西南部のみである。

有明海の漁師さんたちは古くより、有明海産のスズキは外海のものと〝顔つき〟が違うことを知っていた。有明海産のスズキと外海のスズキの間には形態的差異や生化学的手法による遺伝的差異が認められた。さらに分子遺伝学的手法を用いた詳しい分析（ＡＦＬＰフィンガープリント法）が中山耕至さん（京都大学大学院農学研究科助教）によって行われ、タイリクスズキ特異的遺伝子一二個とスズキ特異的遺伝子一四個が見出された。有明海産スズキには特異的遺伝子の双方がどの個体からも検出された。

これらは合計二六個の遺伝子を組み合わせて、タイリクスズキがゼロに、スズキが二六個となるような「交雑指標」が作成された。筑後川に溯上したスズキ稚魚のなかには、タイリクスズキ寄りの値を示す個体やスズキ寄りの値を示す個体まで、広い変異を示した。しかし、もっとも多く出現したのは一三個とちょうど中央値を示す個体であり、有明海産スズキはスズキとタイリクスズキの交雑個体群であることが確証された。問題は前述のように、日本周辺にはタイリクスズキは分布しないにもかかわらず、スズキとの交雑個体群が有明海に存在している点である。

私たちが住む地球は長い周期で寒冷化と温暖化を繰り返してきた。いまは温暖期であるが、いまから一万年以上前は気温がいまより最大五〜六度も低い寒冷期（最終氷期）であった。九州の西に広がる東シナ海や黄海は、水深一〇〇メートル以浅の海域が広がる浅海である。一万五〇〇〇年ほど前には海面は現在より一五〇メートルも低下していた。

その当時は、大陸と日本列島は陸続きとなり、中国大陸や朝鮮半島の海岸線は九州に接近し、黄河や揚子江は九州近海に流入していた。このような条件下で、タイリクスズキとスズキの分布域が重なり、両者間で交雑が生じたと推定される。その交雑個体群は、地球の温暖化による海面の上昇に伴って大陸海岸線が西方へ移動後も、環境条件が大陸沿岸と類似した有明海にのみ残存したものと考えられる。この点では、有明海産スズキは、世界中で有明海のみにしか生存しない、氷河期の貴重な遺産といえる。同様の歴史的背景をもった生物が有明海には他にも生存する可能性を考えると、不思議の海、有明海の奥深さがますます浮かび上がってくる。

4 特産種と準特産種

有明海が〝宝の海〟とよばれてきたのは、その著しく高い生物生産性とともに、わが国では有明海にしか生息しない特産種や他海域でもごく希に採集されることはあるが、明らかに圧倒的多数は有明海に生息する準特産種が多数生息することによる。しかもこれらの大半の種では、同種またはきわめて近縁な種が中国大陸沿岸や朝鮮半島西岸に生息しており、大陸沿岸遺存種とよばれている。

『有明海の生きものたち——干潟・河口域の生物多様性』（佐藤正典編、二〇〇〇年）によると、魚類の特産種は、エツ、アリアケヒメシラウオ、アリアケシラウオ、ハゼクチ、ムツゴロウ、ワラスボ、ヤマノカミの七種があげられている。これらのほかに、スズキは遺伝的には大陸産のスズキ（タイリクスズキ）の遺伝子を引き継ぎ、有明海のみに生息するという私たちの研究成果から、特産種にふくめうると考えられる。魚類以外の生物をふくめると特産種は二三種、準特産種は五〇種があげられているが、先のタイリクドロクダムシやツノナガハマアミなどの無脊椎動物はふくまれておらず、今後調査が進めば、その数はさらに増えると考えられる。一方、オオシャミセンガイのようにほぼ絶滅したのではないかと思われる種も出現しはじめ、楽観を許さない状況に至りつつある。

　有明海特産種の産卵場は、エツやアリアケヒメシラウオは淡水感潮域、ハゼクチやヤマノカミは河口域、スズキは海域（島原半島沖）と種によってさまざまである。このほか、アリアケシラウオの産卵場は淡水感潮域、ムツゴロウやワラスボは河口域である。前記五種の特産魚の産卵場は多様であるが、生後一～二カ月を経過した稚魚は、低塩分汽水域に集中するようになる。そして、彼らの胃内にはカイアシ類シノカラヌスが充満している。このことは、特産種の稚魚たちは低塩分適応能力を身につけており、大型カイアシ類シノカラヌスが高密度に分布する高濁度低塩分汽水域に集合することを示している。

　一方、有明海奥部東岸の潮間帯（大牟田）には、日比野　学さん（愛知県漁業生産研究所）の調査によると、四季を通じてスズキ以外の特産種稚魚はまったく出現しない。このことは、特産種稚魚のほとんどは故郷を同じくする特産種餌生物やその生息場となる高濁度汽水域と密接に結びついた生活史をもつことを示唆している。

　有明海には三種のシラウオ類が生息しているが、このうちアリアケヒメシラウオとアリアケシラウオの二種が特産種であり、前者は淡水感潮域を一生の生息場とし、大きな移動や回遊は行わない。一方、体長一五センチにも達する最大のアリアケシラウオの成魚は河口域に生息するが、産卵期（一〇月）には淡水感潮域に溯上して産卵する。この両種の卵はいずれも沈性粘着卵であり、水底の砂に卵を産みつけ、ふ化仔魚の大きさや形態もほぼ同じであるにもかかわらず、アリアケヒメシラウオのふ化仔魚は流下することなく淡水感潮域にとどまるのに対し、アリアケシラウオはふ化後、数日内に淡水感潮域から姿を消し、河口域に流下するものと考えられている。両種のふ化仔魚の高塩分に対する適応性は明らかに異なり、それぞれの初期生活史を反映して、アリアケヒメシラウオは塩分に対してきわめて敏感であるのに対し、アリアケシラウオは高塩分に対する適応性を早期から獲得している。

下筑後川漁業協同組合の塚本　斎さん、辰巳さん兄弟に協力をいただき、エツの初期生残をくわしく調べた結果によると、エツは、六〜七月に海から淡水感潮域に溯上して浮性卵を産卵する。ふ化仔魚はアリアケヒメシラウオと同様に、河口域へ流下することなく、当歳魚は長期にわたり低塩分汽水域にとどまる。

これら三種のふ化仔魚の体長は三〜四ミリと微小であり、遊泳力も未発達である。それにもかかわらず、それぞれの生存戦略に応じた生息場を選択することに驚かされる。

有明海特産魚のなかで、形態的特異性がもっとも顕著なものは、ワラスボであろう。ハゼ科魚類であるにもかかわらず、体形はウナギ型であり、体表にはほとんど鱗《うろこ》がなく、通常は軟泥質の海底の泥の中に穴を掘って生息し、成魚では眼が退化している。両顎には一見すると鋭い歯を有し、軟泥を無差別に探り餌を食べるのであろう。グロテスクな外観に似合わず、味噌汁

エツ（生体標本）

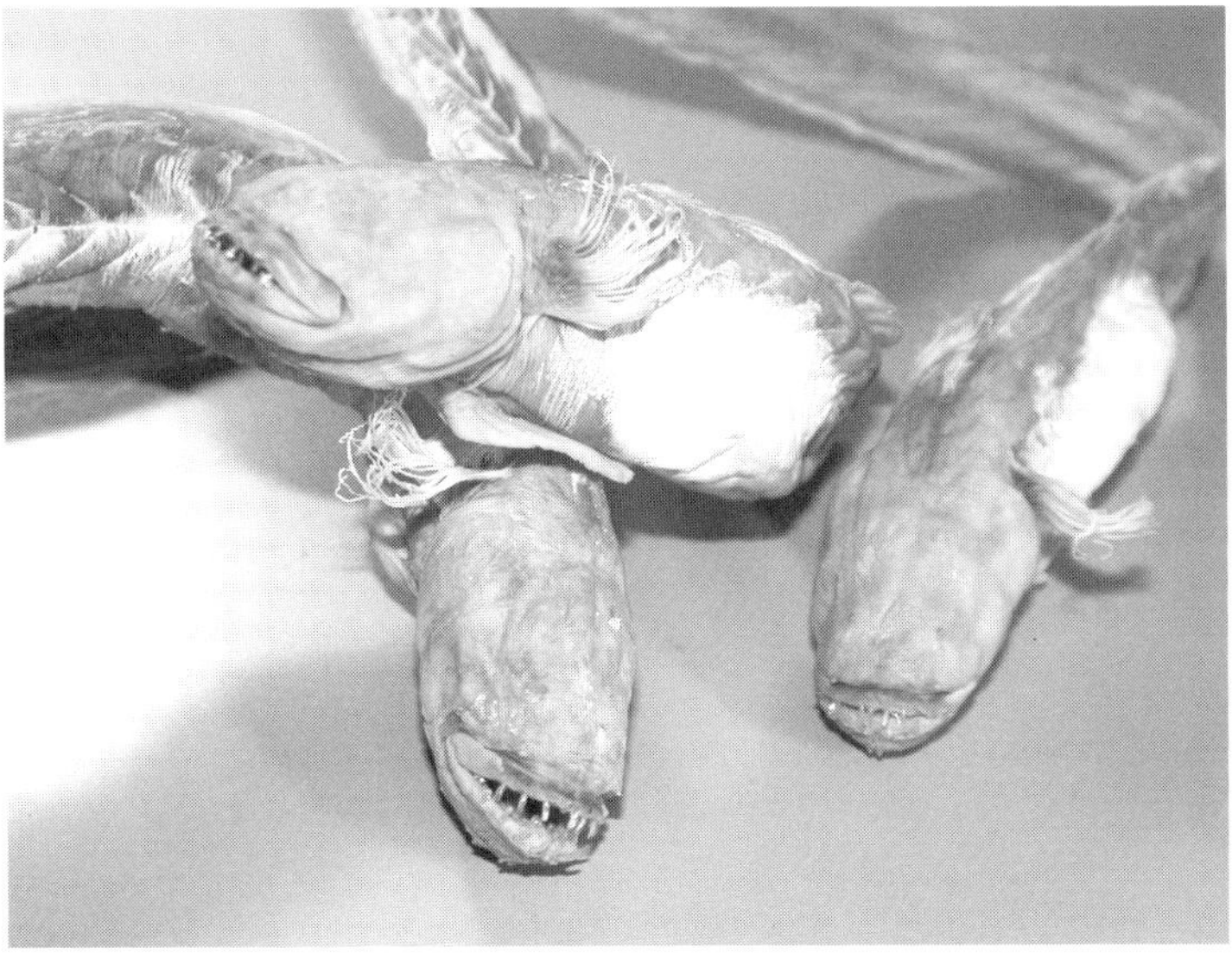

ワラスボ（エタノール保存標本）

の具にしたり干物にすると美味である。

頭部の形から〝エイリアン〟との俗称で学生さんたちにはよばれている。本種もプランクトン幼生期（仔魚期）をもち、そのころは機能的な眼を有している。ところが、仔魚から稚魚への移行期に両眼は皮下に埋没しはじめ、体長一三ミリ前後で稚魚になるころには組織学的に見ても眼は退化して機能的でなくなっていると考えられる。その後、着底した稚魚はしだいに分布域を上流側に広げるが、他の特産稚魚のように、高濁度汽水域に集合するというようなことはなく、くわしい生態は不明である。

5　ヤマノカミは〝山の神〟

有明海特産種のなかにヤマノカミというおもしろい名前の魚がいる。川に生息する淡水魚である。名前がおもしろいだけでなく、大きな頭と口を持ち、体色はあたりの礫や岩とよく似ている。岩や石に〝同化〟してじっと息をひそめ、近づく小魚を丸飲みにする。近縁種には昆虫と同じ名前のカマキリがいる。石川県の九頭竜川では一二月のあられが降るころに腹部を上にして（仰向きになって）川を下り、その腹部にあられがポコポコと当たることより、アラレガコとよばれる。また、頭部には棘があり、これで魚をひっかけて捕ると想像され、アユカケともよばれる。

ヤマノカミの名前の由来は、一説にはカジカの仲間でゴツイ顔つきから山の人びとには恐れと畏敬の念をもってあがめられ、〝山の神〟と名づけられたという。ヤマノカミも一二月ころに河口域に下り、カキ殻などの裏側に卵を産みつけると、母親はサケのように一生を終える。一方、父親にはまだまだ重要な役割が残されている。卵を外敵から保護し、大きな胸鰭《むなびれ》を扇子のように前後に振って新鮮な水を送りつづけるのである。季節は厳冬期に差しかかるころ、父親は餌もとらずひたすら卵を守りつづける。そして約一カ月後に仔魚がすべてふ化するのを見届けると、父親もすべてのエネルギーを使い果たして一年という短い一生を終える。サケほどの大きなインパクトを与えないとしても、死んだ親魚は海に同化し、海の栄養となって子どもたちが健全に育つことに貢献しているのであろう。

なぜヤマノカミは自分たちが暮らしている川の上中流域から河口域へ降りてきて、海で卵を産むのであろうか。それは冬の間、川の中には子どもたちが育つのに十分な餌がないからである。ヤマノカミはきっと海まで降りてきて〝海の神〟に「子どもたちをあずけますから、どうぞ育ててやってください」と頼みながら息絶えるのであろうか。海の神はヤマノカミに向かって「安心してください。もともと河口域が豊かな海でいられるのは、山からの豊かな水の恵みのおかげですから」と答えるのかもしれない。ふ化した仔魚はすぐに浮上して冬季でも豊富に分布するカイアシ類などを摂餌しながらしだいに成長する。この間ヤマノカミ仔魚は河口域にとどまり、沖の方まで分散することはない。故郷の淡水のにおいのする場所にとどまり、大部分は元の川へ戻っていくのであろう。

筑後川河口域では初期の仔魚は河口下流域に分布しているが、成長とともに分布の中心を上流に移し、稚魚へと変態する前後に河口上流域に集まり、スズキ稚魚などと同様に特産カイアシ類シノカラヌスを飽食する。このカイアシ類を飽食して稚魚に変態したヤマノカミは、着底して底生生活に移ると考えられる。筑後川では底生生活後の稚魚の生態は追跡されていないが、有明海奥部西岸の長崎県や佐賀県にそそぐ小河川でその生態を追跡した長崎県立国見高等学校教諭の唯井利明さんによると、川を溯上するヤマノカミを待ち受けているのは、いくつもの堰であるという。見た目にはイカツイ格好のヤマノカミも泳ぎはそんなに得意ではないようである。観察する側にとっては都合がよいのであるが、多くの稚魚が堰の直下にたまっている。魚道は設置されていても、これまでのものは魚道の方向へ魚を向かわせる工夫がされていないので、なかなか上流には溯《さかのぼ》れないのである。堰の直下に集まりそれ以上上流へ溯れないと過密になり、また渇水状態など悪条件が重なると生死にかかわることになる。

6　特産カイアシ類シノカラヌス

私たちがおいしい魚を食べられるのは、通常体長一ミリ前後のカイアシ類とよばれる小さな甲殻類のおかげである。海の〝お米〟とよばれるほど重要な存在なのである。このような小さな生きものに感謝しながら、魚の煮つけ、焼き物、刺身などを味わう人はまずいないであろう。まずこのカイアシ類の存在さえほとんど世に知られていない。海よりも池や湖などにかかわりの深い人びとには、ミジンコ類の方が少しは知られているであろうか。ミジンコ類（枝角《しかく》類）やカイアシ類は動物性プランクトンとよばれ、海に降り注ぐ太陽の光を用いて光合成を行い、海の中で最初に増殖する植物プランクトンを餌として、これらの動物プランクトンの多くは繁殖する。

カイアシ類はこの植物プランクトンを食べて、親になると成熟して卵を産む。卵からふ化したノープリウスとよばれる幼生は、生まれたての仔魚にとっては大きさといい、形といい、さらに遊泳能力といい、格好の餌となる。さらに都合のよいことに、カイアシ類は世界中の海や湖、浅海から深海まで、北の冷たい海から南の温かい海まで、どこにでも一年中分布しているのである。魚たちの仔魚は、成長とともにカイアシ類ノープリウスから未成熟個体（コペポダイトⅠ〜Ⅴ期）や成体（同Ⅵ期）を餌として成長する。カイアシ類は植物プランクトンが合成したＤＨＡやＥＰＡ（高度不飽和脂肪酸といわれ、魚だけでなく人間の脳の発達にも貢献する）などを豊富に体の中に蓄えた〝健康食品〟なのである。つまり、海や湖からカイアシ類が姿を消せば、私たちはおいしく栄養価の高い魚を食べられなくなるのである。海を汚しつづけてきた人びとに、文句も言わずにおいしい魚を供給しつづけている海の小さな生きものに思いを馳せるとき、今日の環境問題の本質が見えてくる。

有明海が豊かな漁業生産を誇ってきたのは、河口域には豊富な植物プランクトンが存在し、それに支えられて多種類の沿岸性カイアシ類が高密度に分布して、沿岸性魚類の仔稚魚が育つ好適な成育場が存続しつづけてきたからであった。そして、先述のように筑後川の河口から一〇キロ以上上流の高濁度汽水域にはシノカラヌスが高密度に分布する。本種は揚子江河口域から分布が報告され、わが国では有明海湾奥部のしかも高濁度の川にしか分布しない有明海特産種であり、特産魚の存続にはなくてはならない餌資源となっている。

本種は夏季にやや数が少なくなるが、周年にわたって分布する。残念なことにプランクトンのサンプルは一九九七年から取りはじめたために、まだ長期的変動パターンとその要因についての検討は行われていないが、何年かに一度、春季に爆発的に増殖することがある。この二八年間でもっとも大量に発生したのは一九八四年であり、海水一リットル当たりに換算するとおそらく数百個体を超える密度と思われた。その年にはスズキ稚魚もこの二八年間でいちばん多く採集された。シノカラヌスの密度とスズキ仔稚魚の生残率はよく対応するように思われる。

このカイアシ類は、沿岸性カイアシ類のなかでは〝大型〟ではあるが、体長一・一〜一・一ミリ程度である。筑後川の水は干満によって下流ならびに上流へと激しく移動するとはいえ、常に毎秒一〇〇トン以上の淡水が流下している。それにもかかわらず、この小さな生きものは塩分〇・一〜一〇程度の低塩分汽水域にとどまり続けている。おそらく鉛直的な分布水深の調節、たとえば上げ潮時に上層に、下げ潮時には底層に分布するなど巧みな定位機構があると推定される。プランクトンは浮遊生物として流れに身をゆだねているのみと考えられがちだが、彼らも生きもの、好適な環境に居つづける術を発達させているのである。

7 〝大陸沿岸遺存生態系〟説の提唱

一九八〇年に開始した筑後川河口域七定点調査（六八頁）は、スズキ仔稚魚の発生量のモニタリング調査から出発し、スズキの初期生態研究、さらには特産種稚魚の生態解明を柱とした河口域生態系研究へと進展しつつある。仔稚魚成育場としての河口域の重要性を示すには、仔稚魚の餌となるカイアシ類の出現動態の把握が必要となる。

バングラデシュからの留学生、シャヒドゥル＝イスラムさんの研究によると、筑後川河口域には二つの異質なカイアシ類群集が存在する。一つは塩分一五より高い河口下流域に存在するカイアシ類群集であり、世界の温帯沿岸域に広く分布するパラカラヌス＝パーバスなど多くの種より構成される。もう一つは塩分一〇以下の低塩分汽水域に分布するシノカラヌスを中心に、夏季にはシュードドイアプトムス＝イノピヌスなどの少数の汽水種よりなるカイアシ類群集である。個体数のうえでは下流汽水域の群集が上流汽水域群集より有意に多いが、重量では後者が圧倒的に大きいという顕著な対照がみられる。このことは上流汽水域には大型のシノカラヌスが卓越し、下流汽水域には小型で多種類のカイアシ類が生息することを意味している。

したがって、下流汽水域は多くの小型の仔魚の成育場として機能し、上流汽水域は特産種を中心とする多くの稚魚や当歳魚の成育場として重要な役割をはたしている。たとえば、海で生まれたスズキは、仔魚期には下流汽水域の小型カイアシ類を摂餌し、稚魚へと成長すると上流汽水域のシノカラヌスに依存する。同様に河口域で生まれたヤマノカミの仔魚は下流汽水域に分散して小型カイアシ類を餌とし、稚魚への変態とともに上流汽水域に溯上して、シノカラヌスを餌とする。

これらのカイアシ類群集を支える餌は何であろうか。イスラムさんの研究によると、両群集で、言い換えればシノカラヌスと他の多くの下流汽水域のカイアシ類の間で、食物源が大きく

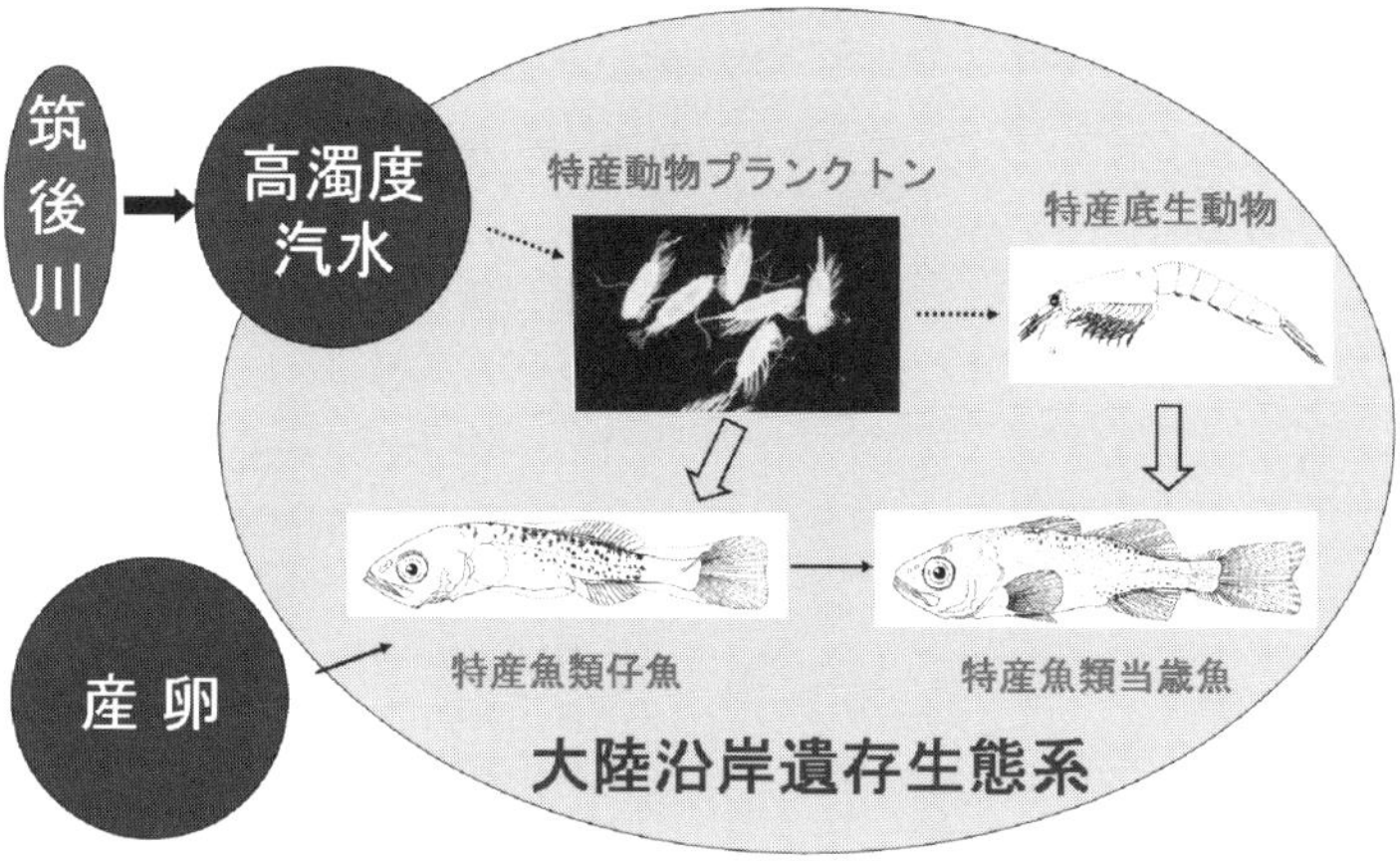

異なるのである。カイアシ類の一般的な餌は植物性プランクトンであり、その存在の指標としてクロロフィルａを用い、下流汽水域のカイアシ類の体内を調べると、十分量のクロロフィルａが検出された。一方、シノカラヌスの体内からはクロロフィルａは少量しか検出されず、その代わりにクロロフィルａの分解産物であるフェオ色素が多量に出現した。このことはシノカラヌスは生きた植物プランクトンより、死亡したあるいは動物に食べられて糞として排出された植物プランクトンを摂食していることを示している。

そのような死骸や排泄物に微生物や原生動物などが吸着して栄養価が高くなった有機懸濁物は、デトリタス（深海へ降下したものはマリンスノー）とよばれ、多くの底生動物にとって重要な食物源となっている。有明海は〝浮泥〟の海とよばれる。

高濁度水は、この浮泥が多量に水中に浮遊しているのである。環境中のクロロフィルaは河口域の上流から下流までほぼ同レベルであるが、フェオ色素は上流ほど多く濁度と相関した分布を示している。

有明海湾奥部があのように著しく濁っているのはどうしてであろうか（湾奥部に流入する淡水の大半を占める筑後川の水は、筑後大堰より上流では普通の川と同様に濁ってはいない）。その秘密は後背地の土質にあると考えられている。筑後川をふくむ多くの河川が流入する東岸の後背地は阿蘇火山台地であり、この後背地からは微小な火山性のシルト粒子（細砂と粘土粒子の中間の粒子）が絶えず河川水とともに有明海に供給されている。これらの微粒子は海水と混ざり合うと相互に吸着したり、その周囲に動植物プランクトンの遺骸や微小な生物も付着し、いわゆる〝浮泥〟となる。日本海のように干満差が著しく小さければ、これらの粒子は海底に沈み堆積するが、有明海では激しい潮流により水中に懸濁し、濁りの海を形成する。低塩分汽水域がこの浮泥の生成場となり高濁度水を形成する。

これまでに述べてきた特産稚魚の低塩分汽水域への集中、特産種カイアシ類シノカラヌスの存在、特産稚魚と特産カイアシ類の強い「食う－食われる関係」、シノカラヌスの生産を支える高濁度水などの一連のつながりを総合すると、筑後川の河口上流域には生物と生物、そして生物と環境が不可分に結びついた特異な河口域生態系が存在し、それはもともと中国大陸沿岸に存在したものであり、最終氷期（約一万年以上前）に九州西岸にも広がり、その後有明海の成立とともに湾奥部の低塩分汽水域に遺存したものと推定される。

したがって、これは〝大陸沿岸遺存生態系〟とよぶにふさわしい存在といえる。有明海に多くの特産種や準特産種が存在するのは、個々の種（個体群）が偶然に有明海に遺存したのではなく、河口域生態系の一構成員としてシステムとともに取り込まれたものではないかとの推定が成り立つ。大陸沿岸遺存生態系はいわば中国大陸沿岸から〝分家〟した特異な河口域生態系なのである。

8　有明海異変

有明海は、かつては獲っても獲っても獲り尽せないほど漁獲量があがり、漁業者からは〝宝の海〟とよばれるほどきわめて生産性の高い海であった。その宝の海がいま、瀕死の海に変わろうとしている。漁獲量は一九八〇年前後には一三万トンを上回っていたが、一九九〇年代後半には二万トンを切り、さらに低下が続いている。

その豊かな海を象徴するように、有明海には干満差や速い潮流を生かした独自の漁法が発達してきた。「石干見《すくみ》」、「竹羽瀬《たけはぜ》」、「繁網《しげあみ》」など多くの伝統漁法が発達した。しかし、いまでは石干見はわずか一カ所残っているのみであり、竹羽瀬数も激減し、繁網も筑後川流域ではわずか一人の漁師さん（古賀貞義さん）が操業しているのみである。有明海異変は、有明海の伝統文化をも消失させようとしている。

この問題が社会的に大きくクローズアップされたのは、二〇〇〇年から二〇〇一年の冬季に生じた養殖ノリの大不作であった。沿岸域における漁獲量の減少は全国的にどこでも起こっている現象であり、そのことだけではニュースにはならないが、有明海のノリ養殖漁業は四〇〇億円の一大地方産業であり、それが大不作になったこと、そしてその原因が諫早湾の締め切りによる海況変化の結果であるとの漁民の〝決起〟によるものであった。先に述べたような特産魚の一種や二種がこの地球上から姿を消したとしても、このように大きく取り上げられることはない。

有明海異変については、『よみがえれ〝宝の海〟有明海』（広松 伝、二〇〇一年）、『有明海異変――海と川と山の再生に向けて』（古川清久・米本慎一、二〇〇三年）、『有明海の生態系再生をめざして』（日本海洋学会編、二〇〇五年）、『有明海の自然と再生』（宇野木早苗、二〇〇六年）などに詳しい。これらの書籍の筆者は、前の二冊では有明海を今日のようにひどい状態にしたのは、流域に住む人間の生き方に深く関わり、そのあり方を変えることこそ有明海異変の抜本的な解決策であるとの提言を行っている。一方、後の二冊では、諫早湾締め切りによって生じた物理

筑後大堰
佐賀市
筑後川
大牟田市
潮受け堤防
諫早湾
阿蘇
熊本市
有明海
雲仙普賢岳
島原半島

化学環境的ならびに生きものたちの生息状態の変化により、この間の異変の実態の解明を行い、再生のためには諫早湾の長期的開門の必要性を提言している。これらとは別に、有明海異変の犯人はノリ養殖による酸処理であり、ノリ養殖業そのものが有明海をダメにしたことを一貫して主張した著書『有明海はなぜ荒廃したのか――諫早湾干拓かノリ養殖か』（江刺洋司、二〇〇三年）も出版されている。

私はここでは有明海異変の原因について、本格的に言及するつもりはないが、筑後大堰の建設（一九八五年）や諫早湾締め切り工事の開始（一九八〇年代終わり）以前から漁獲量が減少していることは、諫早湾締め切りが最後の〝引導〟をわたしたと考えられるものの、瀕死の海への道のりはそれ以前より始まっていたことは明らかであろう。たとえば、有明海のアサリ漁獲量（熊本県が大半）は一九八〇年前後には八万トン以上あったのが、その後年々急激に減少し、一九九〇年代の終わりには二〇〇〇トン以下に激減している。

私たちが調査フィールドにしている筑後川河口域においては、いまも以前と同様に春の大潮干潮時には河口から沖合五～六キロまで延々と干潟が広がる。繁網調査（下げ潮時に潮の流れとともに流入する魚類やエビ類を定置した船の船首から張り出した扇形の網で漁獲する）は下げ潮時に行われ、上げ潮になるまで帰港できないため、アサリ掘りを行う。いまでも場所によっては一時間も砂泥底を熊手で掘り起こせばそこそこの量がとれる。しかし、繁網調査に協力していただいている古賀貞義さんの話では、以前はアサリが厚い層になるくらいたくさんいたという。いったいどうしてここまで減ってしまったのであろうか。私には答えはきわめて単純明快に思えるのである。

東京工業大学の横山勝英さんによると、一九五〇年から半世紀にわたって建設業によって筑後川から持ち出された川砂（砂利）の量は実に二八〇〇万トンに達する。大雑把に試算して甲子園球場に満載して四〇杯分に相当する。これらの大半は高度経済成長期に採取されているが、近年においても採取が行われるとともにほぼ同量の砂がダムに堆積しているのである。

生きた存在としての干潟を更新する川からの砂泥の流入がなくなれば、干潟は疲弊するのは明らかである。干潟の疲弊はアサリのみでなく浄化機能を担う多種多様な生物の生存を厳しくしつつある。このような生きた海の存在にとって不可欠な川を介した陸域とのつながりが有明海に注ぐ多くの河川で同様に起こっているとすれば、有明海の窮状が理解される。その最たる事例が、川と海とのつながりを物理的に断ち切った諫早湾締め切りといえる。

第6章　フィールド科学教育研究センターの発足

「森里海連環学」の創生にとって、京都大学にフィールド科学教育研究センター（フィールド研）が発足したことは切っても切れない関係にある。フィールド研の表看板として「森里海連環学」を掲げ、「森里海連環学」がフィールド研の存在価値を高めつつある。文部省の指導により、一九九〇年代終わりから二〇〇〇年代初めにかけて農学部が保持している農場、牧場、演習林、水産実験所等を統合して、センター化により、全学的な有効活用をめざして、全国的に〝フィールド科学教育研究センター〟（大学によって地域や目的をより具体的に表現した名称をつけている）がつぎつぎと誕生した。本学の場合はこうした動きとは別に、一九九六年から一九九七年に実施された「地球環境フォーラム」のなかで議論され、京都大学内で独自に生まれた地球環境科学研究構想にもとづいて二〇〇三年に発足した。

1　畠山重篤さんとの出会い

二〇〇三年四月に発足したフィールド研は、一一月上旬にセンター開所記念シンポジウムと開所式を開催した。シンポジウムは形式どおり基調講演と数名のパネリストの報告ならびに討論より構成された。当初、基調講演をお願いしていた著名な海洋学者であるグンナーベルグさん（国連大学学長）が、都合で来日できなくなり、急遽、匹敵する講演者探しとなった。同年

「森は海の恋人」植樹祭に参加

三月に京都でおこなわれた世界水フォーラムで「森は海の恋人」を講演された畠山重篤さんに即白羽の矢が立った。森里海連環学にはまさに最適なテーマと考えられたからである。

シンポジウム開催一週間前の二〇〇三年一〇月三一日に、私のほかに竹内典之《みちゆき》さん（フィールド研研究林教授）と山下　洋さん（フィールド研舞鶴水産実験所教授）の三人が雁首をそろえて、宮城県本吉郡唐桑町西舞根の水山養殖場を訪ねた。出迎えに出られた畠山さんは京都からわざわざ三名の教授が訪ねたことに恐縮されて「何事ですか」と驚かれたようすであった。

ともあれ、こちらへと案内されたのは事務所の奥の部屋であった。三面の壁にはびっしりと本が並んでいた。その中からこれが最近の本ですよと三人に謹呈していただいたのは『日本〈汽水〉紀行――「森は海の恋人」の世界を尋ねて』（二〇〇三年）であった。日本各地の河口域をめぐって、森と川と海のつながり、そしてそこに住みつづける人びとの森や海への思いをつづったものである。二〇〇三年度の日本エッセイスト・クラブ賞を受賞した名著である。畠山さんはまぎれもなく地方の現役カキ養殖漁師さんなのである。しかしそこは、まるで作家のオフィスのような雰囲気であった。フィールド研設置の背景、新しい統合分野として「森里海連環学」を創生しようと〝意気込んでいる〟ことを説明した。基調講演は快諾いただいたが、同じ農学部にあり、しかも同じ由良川の上流域と河口域にある施設がまったく交流してこなかったことにひどく驚かれた。

いまでこそ、〝森は海の恋人〟をキャッチフレーズとした漁師による森づくりは中学の国語の教科書に掲載されたり、ある大学の入学試験問題に出るほどその運動は注目され、世論形成に大きく貢献しているが、当初は苦難の連続であったという。気仙沼のカキ養殖の生命線ともいえる大川にダムが建設されようとした際、森と海のつながりを遮断するダムは漁師の生死に関わる大問題として反対を訴えた。

しかし、森の関係者は海のことはわからない、海の関係者は森のことはわからない、とまったく相手にされなかった。そのことは行政の現場ばかりでなく、研究の現場でもまったく同様であったという。行政からは森と海が不可分につながっているデータを示せと迫られ、たいへん悔しい思いをしたことなどをトツトツと語られた。そして、ようやく待ち焦がれていた〝森と川と海のつながり〟を解明する学問とそうした教育研究を展開する組織が誕生したことをたいへん喜んでいただいた。

2　総合博物館春季企画展

京都大学では、一九九八年に総合博物館が発足した。当館では常設展示とともに、春と秋にテーマを絞った三カ月前後の企画展が行われている。フィールド研は設置二年目には全国各地の演習林、水産実験所、亜熱帯植物実験所、臨海実験所が蓄積してきた歴史的資産や豊かな自然、そのなかで繰り広げられている教育研究の中身をパネルとして紹介する「森と里と海のつながり――京大フィールド研の挑戦」にとりくんだ。フィールド研としては、学内外へその存在をアピールするとともに、企画展の工夫改善を通じて遠隔地の教職員が相互の理解を深め、「森里海連環学」への共通認識を深める機会とした。

半年間に及ぶ準備の後、六月三日にオープンを迎え、その前日には尾池和夫総長はじめ各理事ならびに報道機関の関係者をお迎えして内覧会が開催された。それまで、企画展は「今西錦司の世界」をはじめ文理両面ともにたいへん興味深い高度な内容のものを提供してきたが、一般市民のみなさんには敷居が高く、入場者は学内関係者を中心に三カ月で四〇〇〇人前後であった。内覧会のあいさつで私は思わず「入場者一万人をめざします」と宣言してしまった。これに応えて尾池総長は「一万人と遠慮されずに二万人でも三万人でもめざしてください」と私たちの意気込みを後押しされたのである。

こうしたとりくみに初めての経験であった私たちは、当初入場者を二倍以上に伸ばすことのむずかしさを十分には理解していなかった。フィールド研の教職員のなかには「センター長はあんなことを言っていったいどうするのか」という批判もあったであろう。ともあれマイナス思考はやめ、攻めの姿勢で臨んだ。企画展開催中の土、日曜日には小中学生向きの自然科学の

森が魚に変化する割りばしアート

使用済みの割りばしを洗ってから乾燥させ、ボンドで組み立てる。

使用済みの割りばしが美しく変身

レクチャー教室を行い、千葉県から小池正孝さん（千葉県アマチュア美術協会副会長）をお招きして、〝森が魚に変身する〟使用済みの割り箸を素材にして精巧に仕上げられた魚やタコなどの海の生物の展示と製作の実演コーナーも設置した。

さらに七月一七日と二四日には、C・W・ニコルさん（作家）、畠山重篤さん、寺島紘士さん（海洋政策研究財団常務理事）、安田喜憲さん（国際日本文化研究センター教授）をお迎えして、時計台百周年記念ホールで五〇〇人規模の時計台対話集会を開いた。

しかし、こうしたとりくみにもかかわらず、五〇〇〇人を超えたのは七月末であった。いよいよ残りは一カ月弱となり、一万人突破は夢かと思いはじめたが、「考えられることはなんでもやりましょう」との職員のみなさんの申し出に勇気づけられ、街頭でチラシを配布したり、近くのマンションのポストにチラシを入れることも行った。こうしたとりくみが功を奏して、八月後半には夏休みの宿題に企画展を利用する小学生も増え、ついに八月二〇日過ぎには一万人を突破し、最終的には一万二〇〇〇人弱の入場者となった。

こうした企画展の成功には、博物館側の担当であった大野照文さん（教授）の尽力が大きかった。これまでの慣習を破ってのさまざまな新しいとりくみを導入した。それは京大博物館としてふさわしくないとの批判もあったに違いない。法人化元年という年に当たり、積極的に外へ打って出ることへのすすめという学内世論も後押ししてくれた。この企画展で作成したパネルなどをもとに企画展のタイトル『森と里と海のつながり――京大フィールド研の挑戦』を博物館の了解を得て柵出版社から発刊した。

3 時計台対話集会

フィールド研がめざす「森里海連環学」は、市民の多様な社会運動と連携し、自然のしくみの解明にとどまらず、自然と自然、人と自然、人と人のつながりを再生することにゴールを置く学問である。したがって、「森里海連環学」の理念や実際を市民に伝え、市民からの反応を吸収して、この学問を広めかつ深めていくことが重要である。そこで、京都大学の百周年を記念して作られた時計台記念ホール（五〇〇人収容）において〝対話集会〟を行うこととした。第一回目は先の春季企画展と連動して二〇〇四年七月に実施した。この年のメインテーマは「心に木を植える」とし、一七日（日）には信州黒姫山麓に自ら「アファンの森」を作り、劣化する日本のかけがえのない自然の現状を訴えつづける作家のC・W・ニコルさんに〝森を作って海を思う〟を講演していただいた。「目に見えないつながりを大事にしようよ」との訴えに、満席の会場には共感の輪が広がった。

七月二四日には第一回時計台対話集会の第二弾として、森（畠山重篤さん、安田喜憲さん）、里

（フィールド研紀伊大島実験所准教授梅本信也さん）、海（寺島紘士さんと私）の視座から他の生態系等とのつながりを報告した。講演が終わると舞台背後の幕が上がり、明るい光の差し込む開放的な雰囲気のなかで、対話集会としてフロアーとの意見の交換が行われた。フィールド研誕生後、一年三カ月の時点で「森里海連環学」が市民のみなさんにどのように受け止められたか、少々不安であったが、縦割りの壁をとり除き、見失いがちないろいろなつながりを大事にするという基本方向に賛同が得られ、今後の対話集会で研究教育の具体的成果が聴けることを楽しみにしているとの好意的な意見が多く寄せられた。

こうして新しい学問にふさわしい市民と連携した展開をめざす方向への確信をえた私たちは、二〇〇五年一二月にはC・W・ニコルさん、天野礼子さん（アウトドアライター）、畠山重篤さんによる、森川海の対話が行われた。二〇〇六年一二月には京都を代表する世界的電子部品メーカー村田製作所の代表取締役社長村田泰隆さんと京都大学総長尾池和夫さんとの対談「森里海連環学と二一世紀の人間」が行われ、引きつづいて森里海の連環を再生するうえで出発点となる、森の健全化と日本の木を有効に使う道についての講演とパネル討論が行われた。

この第二回と第三回の対話集会開催ならびにその報告集の発行は、村田製作所の経費的支援によって行われた。アンケート調査によると、チラシやポスターを見てより、友人や知人から聞いて参加したとの回答が最も多く、この対話集会が人づてに広がっていることが確認された。

第三回の対話集会には、近畿二府四県やその近隣県にとどまらず、北海道、千葉、神奈川、高知、沖縄などより参加があり、関係者を喜ばせた。

4　人びとの心に木を植える

畠山重篤さんとの出会いは先に述べたとおりであるが、その後各地の講演会、本学での講義、気仙沼でのポケットセミナーその他や多くの出版物を通じて畠山さんの活動内容に接するたびにその〝凄さ〟を実感せずにはいられない。その運動の背景は、高度経済成長のツケとして海が汚染され、カキやホタテガイが養殖できなくなった際、多くの漁師さんは廃業に追い込まれたが、畠山さんをはじめ何名かの漁師さんたちは、自分たちが海を汚した結果ではなく、カキの餌となる植物プランクトンが増えるために必要な栄養を海に供給する川や、その大本《おおもと》となる森がおかしくなったために生じた結果と直感した。

畠山さんたちは、一九八九年に気仙沼湾に注ぐ大川源流域の室根山に植林を始めた。最初の二年ほどは失敗の連続であったが、漁師の熱意に感動した山の人たちが手助けをするようになり、毎年六月第一日曜日に、多い年には一〇〇〇人ほどの人びとが集まり、植樹祭が行われている。

しかし、畠山さんたちが植林の理論的背景とされた、広葉樹が育ち、落下した葉が昆虫類や微生物に分解され腐葉土になり、そこから植物プランクトンの増殖に不可欠な鉄分が吸収可能なフルボ酸鉄になり、河口域（汽水域）に流入するとの松永理論（当時、北海道大学教授松永勝彦さん、一九九四年）が成立するにはさらに二〇年、三〇年以上の年月が必要となる。それにもかかわらず、一〇年も経過しない間に大川は浄化され、気仙沼湾の環境は大きく改善され、カキやホタテガイの養殖ばかりでなく、三〇年ほど姿を消していたシラスウナギが再び川に戻り、ウナギ漁も復活したのである。

〝畠山マジック〟とよべるような、この劇的な変化はどうして生じたのであろうか。その秘密は環境教育にありそうである。畠山さんの先見性は、森に木を植えることにとどまらず、海を見たことのない山の子どもたちを毎年五〇〇人前後自分の養殖場に招き、カキ養殖の実際やカキが汽水域で育つ理由などを説明する。そして、かつて動力船がなかったころに使われていた四人漕ぎのカツオ一本釣り漁船（和船）をミズメ（通称、アズサ）という耐水性の強い木で二隻再現し、子どもたちをこの「あずさ丸」で少し沖まで連れて行き、プランクトンネットで海水をこし、底にたまったプランクトンの濃縮された水を、「これがカキのご馳走だよ。飲んでごらん」と子どもたちにすすめる。

植物プランクトンの濃縮ドリンクを飲んだ子どもたちは「キュウリのような味がする」など

と感想を述べる。そして、むずかしい理屈抜きに、自分の山の暮らしがめぐりめぐって、海の生きものや漁師《りょうし》さんの生業に深く関わることを直感するのである。あることを強く感じれば、子どもたちの行動はすばやい。翌日から毎日使う歯磨き粉や石けんの量を半分にし、女の子はシャンプーの回数を半分に減らすのである。このような子どもたちの言動に触発された父兄が地域の環境行政に影響を与え、それは大川流域全体に波及したと考えられる。いまでは初期の子どもたちは成人し、小学生のころのたった一日の経験から学んだ環境意識を自分の子どもに伝えるという「子から親へ、親から子への」環境意識のプラス連鎖が生み出されているのである。

畠山さんたちが森に植えた木は三〜四万本である。たくさんの木を山に植えながら、畠山さんは実は人びとの〝心の中に木を植える〟ことにとりくんでこられたのである。私たちもこうした運動から多くのことを学び、大学の教育研究の現場に反映させている。しかし、いまも私たちが一歩進む間に、畠山さんは二歩も前へ進んでおられるのである。

畠山一家は、かつての日本のよき時代そのままに、四世代の大家族である。畠山さんが多くのことを学んだというお母さん、家業の養殖業を安心して任せられるように成長された二人の息子さん、四代目の養殖漁業を継ぎ、将来〝森は海の恋人〟の世界を科学する夢を託したお孫さんにも恵まれている。そして何よりも畠山さんの大活躍を支えているのは、いつも明るく元気いっぱいの奥さん寿子さんである。二〇〇五年末に三年がかりでまとめられた『牡蠣《かき》礼讃』（文春新書）はすかしてみれば〝寿子礼讃〟が浮かび上がってくると私があいさつしたのを聞かれ、寿子さん曰く「今まで一度も〝ありがとう〟と言ってもらったことがなかったが、これで胸のつかえがとれました」と明るく笑っておられた。

5　アファンの森の巨人

二〇〇四年七月一七日には五〇〇〇人の会場を埋め尽くした聴衆を前に、C・W・ニコルさんは、大きな体で「僕は京都大学で話をするのは初めてだから、すごく緊張するよ」と切り出された。ウェールズで育った少年時代、北極での調査員時代、エチオピアでのレンジャー時代とさまざまな体験をもとに「日本の自然は世界一、それなのに日本人はそれに気づかずたいせつにしていない」と警鐘を鳴らされた。一〇年以上前に日本国籍を取り、「アファンの森」と名づけた森づくりに関わって二五年以上が経過している。アファンの森には千曲川を介して信濃川へ流れ込む鳥居川が流れている。かつてはその鳥居川にサケが溯上《そじょう》していたという。

私がこのアファンの森を最初に訪れたのは二〇〇五年四月一〇日であった。それはニコルさんに京都大学フィールド科学教育研究センターの「社会連携教授」に就任いただく、その称号を授与するためであった。この社会連携教授は、大学（フィールド研）の教育研究がより深く社会と連携し、「森里海連環学」が社会連携を深めることを趣旨に、フィールド研独自に設定したものである。この趣旨にふさわしい人物として先の畠山重篤さんとC・W・ニコルさんに就任をお願いした。まったくのボランティアであるにもかかわらず、お二人からは快諾をいただき、講義や講演だけでなく、京大の新入生五〜六人を対象としたポケットセミナー「森は海の恋人の故郷に学ぶ」や「C・W・ニコル　アファンの森に学ぶ」などの実習を現地で指導していただいている。

長野県上水内郡信濃町にまったく手入れがされず荒れ放題であった森を購入し、相棒の松木信義さんと二人で間伐や植林、池の造成など明るい森づくりにとりくんでこられた。いまでは、心身にハンディキャップをもった子どもたちの森の学校など多様なとりくみが行われている。二〇〇六年八月中旬に六人の新入生（農学部・理学部・医学部）のポケットセミナーを実施した。初日はニコルさんの案内によるアファンの森の見学であった。森の中のところどころでいろいろな話を聞きながらの散策である。標高は七五〇メートル前後、木陰はさわやかな風でとても心地よい。森の中を一周してコナラの明るい森の広場で昼食となった。火をおこし、特製の携帯用の湯沸かし器でお茶や紅茶をいただいた。

昼食の前にニコルさんから、森を一周して感じたことを聞かせてほしいと、質問が出た。二五年手塩にかけて育てた森である。きっと感動した学生の気持ちを聞きたかったに違いない。しかし、ニコルさんの迫力やいままでに聞いたことのない話やほとんど初めての森の散策に戸惑ったのか、学生からは意見が出ない。じゃあこちらの端から順番に感想を言ってと促さざるをえなかった。しかし、学生たちの口から出た言葉は、個人の素直な気持ちを表現したものではなく、教科書的な地球環境問題の知識の紹介に終わり、はじめのうちは少し相づちを打っていたニコルさんの口はしだいに重くなり、表情や仕草に、明らかに不機嫌になっていくようすが読み取れた。日頃子どもたちの森での心の開放に接してきたニコルさんにとっては、明らかに異なる大人（学生）の反応にいささかショックを受けたようすであった。

二日目には、日本海側の各府県で深刻化しつつある〝ナラ枯れ〟の現場見学が行われた。新潟県ではすでに多くのミズナラ・コナラなどブナ科の大木が、夏であるのに遠くからは秋の紅葉のように枯れて葉が褐色に変色しているようすがあちこちに見える。この流行病が新潟県境を越えて長野県まで南下しつつあるのである。この病気にかかると、樹齢百年～二百年のミズナラの大木も数カ月で枯死してしまうほどである。

原因生物は体長わずか五ミリほどのカシノナガキクイムシという昆虫（甲虫）で、根元付近に一ミリほどの穴を掘り、木の中に潜入する。おそらく木の中への潜入のみでは木は生命を絶たれることはないが、この昆虫は穴の中で特殊な菌を繁殖させ、それを栄養源として子育てをする。この菌が繁殖すると木の生命源となる水分の通過が不能となり、木は枯れてしまう。いまのところ、決定的な防御策はなく、早期発見してその木を除伐し、カシノナガキクイムシの拡散を防ぐしかないといわれている。巨木が枯死している現場を見て、森の中にも流行病があり、学生それぞれに自分たちの知らないところで自然の劣化が生じていることに驚きを感じたと思われる。

実習三日目は、いよいよ間伐作業の入門となった。新たな森づくりの現場に入り、各自ノコギリで、直径一〇～一五センチのコナラやカラマツなどを切っていくのである。ノコギリを初めて使った女子学生は最初は悪戦苦闘していたが、ようやく切った木が倒れるのを見てひときわ小さな感動にひたっているようすであった。

ニコルさんも自前のナタをふるって小木をなぎ倒している。そんなお昼前に雷雨が訪れた。しばらく止みそうにないので、全員かけ足で事務所近くの小屋へとかけ込んだ。ニコルさん一人巨体を揺らしながら雷雨の中を歩いて戻ってきた。何も言われなかったが、その顔には「みんな僕を置き去りにして、走って帰るなんてひどいよ」といわんばかりの表情が読み取れた。

この日の昼食は、ニコルさんが三日前から、冷凍してあった鹿を解体し、二日間煮込んだウエールズ風シチューであった。雷雨で冷えた体にはこの上ないご馳走である。みな黙々とお替わりをしていただいた。午後には、ニコルさんが間伐はこれで終わりにしようかと提案されたが、学生からはもっと間伐作業をやりたいとの一致した意見が出て、「やっと積極的な意見が出たね。鹿のシチューの効果だね」と笑顔で応えられた。そして学生たちは最後にチェンソーで木を切る作業を習い、満足そうであった。

6 高知にいたる法然院《ほうねんいん》「森の教室」

京都の東山、銀閣寺の近くを流れる琵琶湖からの疎水沿いに南北にのびる〝哲学の道〟は、大学から近く、以前は仕事に疲れると気分転換によく散策に出かけた。その途中に森の寺院として子どもたちの環境教育にとりくんでいる法然院がある。二〇〇四年一〇月中旬に、その法然院で「森の教室」が開かれ、基調講演にはC・W・ニコルさんが来京されるとの案内と申し込み用紙が新聞に掲載された。その三カ月前に開いた時計台対話集会のお礼も兼ねてお会いすべく、早速申し込んだ。

その講演会の進行役を務められたのがアウトドアライターの天野礼子さんであった。一九八〇年代後半からの長良川河口堰建設反対運動で師の開高 健さんらとともに先陣を切られたことで、お名前はよく存じ上げていた。講演会終了後のサイン会で、自己紹介すると「あなたが森里海連環学の田中先生ですか」という返事が返ってきた。京都大学に「森里海連環学」が誕生したことに、すでにたいへん関心をおもちになっていたのである。その後、知ったことであるが、数年前より高知県仁淀川流域で活動を始められていた。

それから間もなく、突然に「京都大学フィールド研は高知に臨海実験所をもちませんか」という趣旨のファックスが届いた。高知でいろいろなとりくみを進められるなかで、高知県産業技術委員会との連携が生まれ、須崎市に東西に長くのびる横浪半島の中央部にある、県営子供の森施設の再利用が急浮上していた。利用者の激減により、県は二〇〇五年度中に取り壊すことを決めていた。半島頂上部を通るスカイラインから急坂を標高差二〇〇メートルほど下った海のすぐそばに管理棟が設置されている。一階には四〇名ほどの人数でセミナーが可能な大きな部屋、研究室に利用可能な部屋に倉庫とトイレがあり、二階には和室の居間、ダイニングキッチン、浴室が備わっている立派な施設である。

施設の前浜は池ノ浦漁業協同組合が長期にわたり〝イセエビの海〟として資源管理がつづけられてきた海である。当初、漁業協同組合はよそ者に自分たちの海を乱されては困るとの警戒心が強く、同意を得ることがむずかしいと思われた。しかし、何回も大小の講演会や研究会を須崎市などで行うなかで、海や川を再生するために森の健全化を進め、流域一体で協力して自然の再生と地域の振興を図ろうとする森里海連環学の理念への理解が深まっていった。

県が一度決めたことを覆すことは非常にむずかしく、また、時間的にも余裕がない状態であった。その際、事態を前へ動かすうえで大きな力を発揮されたのが天野さんであった。私の研究室には三日と空かず、今後の対応やアイディア満載のファックスが届いた。二〇〇四年一一月から二〇〇五年にかけて何回も高知へ足を運ぶこととなった。天野さんには、今後高知で森と川と海の再生を実現するためには、京都大学の参入が不可欠との信念があったのであろう。私の方も二〇〇四年に新たに発足した高知大学大学院黒潮圏海洋科学研究科へ共同利用の提案を行った。当時の研究科長深見公雄さん（教授）はたいへん興味をもたれ、学長と相談され実現への努力をしていただいた。また、山岡耕作さん（教授）は森の「演習林」に相当する海の「演習海」を実現したいと、臨海実験所をもつことに熱意を示された。

こうした共同利用の輪を広げながらとりくまれたのは、子供の森施設の臨海実験所への転用によって、高知がどのように変わるかという展望を広く市民に知ってもらうことであった。二〇〇五年五月一二日に須崎市市民会館において、総長代理として京都大学副学長辻　文三さんにごあいさつにお越しいただき、森里海連環学に関する市民向けシンポジウムを開催した。予想を超える四〇〇名の参加者に恵まれ、京都大学が高知で森里海連環学を展開する意気込みを伝えた。

この機会に高知県、須崎市、水産試験場、高知大黒潮圏研究科、京大フィールド研の代表者が集まり、森と川と海を再生する高知プロジェクトの基本的考えについての合意を得た。五月下旬には橋本大二郎知事（当時）にお会いし、高知プロジェクトの概要説明とそれを進める拠点としての横浪半島に臨海実験所を設置する必要性を説明した。知事からは高知の森と川と海の再生と地域活性化へご尽力いただきたいとの発言が得られた。その後は、事務的な手続きの調整が行われ、二〇〇六年二月下旬に須崎市長の立会いのもとに、高知県、池ノ浦漁業協同組合、高知大学、京都大学の間で調印式が行われた。森と海のつながりに関する教育研究の拠点にすべく、「林海」を入れた二つの看板がかけられた。一つは京都大学フィールド研と高知大学黒潮圏研究科が共同利用する「横浪林海実験所」、もう一つは高知県水産試験場附属「横浪林海教育研究交流センター」である。すでに山岡さんたちは、前浜に見事なイシサンゴ群落が広がり、多様な亜熱帯性魚類が生息していることを明らかにしている。

〝哲学の道〟のそばを流れる疎水の水はやがて加茂川に流れ込み、桂川、淀川を経て大阪湾に流入し、高知県横浪半島に一年三カ月かけてたどりついたことになる。この間にいったいどれだけの人と人のつながりが介在したことであろうか。

7　法人化の光と影

フィールド研が設置され、一年間のいろいろな準備を終えた二〇〇四年四月に国立大学は法人となり、国からの予算（大学運営費）が年々確実に減るなかで、外部資金を導入しつつ社会にその役割の説明責任を問われる状況下に置かれた。フィールド研にとって幸いなことは、発足とともに学内外にその存在を認知してもらう〝攻めの姿勢〟で臨んできたことが、法人化が求める道とも軌を一にしたことである。先に述べた総合博物館春季企画展の開催、社会連携教授の導入、時計台対話集会の定例開催、そして横浪林海実験所の開所などは、その具体的表れである。

外へ向かってさまざまなとりくみを進めれば、内部的にはこれまでの日常への上乗せの負担がかかり、不協和音が生じる。それを解消するには、後ろ向きではなく前向きにとりくみ、そのことによって新たに開ける道や新たな世界から、新しいエネルギーを吸収して前進への糧とする以外、いま外圧的に大学の教育研究の現場に覆いかぶさる暗雲を払い去る道はないと思われる。法人化によって大学や部局の裁量に任せられる側面の増大を有効に生かし、法人化の光の部分を広げるしかないのである。

こんな決意で日々の対応に明け暮れてきたが、やはり凡人の気力や体力には限界がある。かねてより、日本（京都）開催を要望されていた第六回国際異体類（ヒラメ・カレイ類）生態学シンポジウムを一〇月下旬に五日間の日程で開催した。幸いにも海外二二カ国から七〇名、国内からも七〇名の参加があり、盛会であった。事務局を担当してもらった私の研究室と舞鶴水産実験所の教員や大学院生の手際のよい働きで、シンポジウムは無事成功のうちに終わった。しかし、個人的にはそれまでのフィールド研立ち上げ以来の〝無理〟の連続による体力面での過労と予想以上の気疲れで、最終日が終わり、帰宅した時には疲労困憊で倒れ込むように眠ってしまった。これまでなら一晩すれば元気が回復するはずであったが、その時ばかりは、体調不良に陥り、一週間の休養となった。日々机の上に積み重なる書類の山の増加と一日に三つも四つもつづく会議という法人化の影が光を覆ってしまったといえる。

一週間の休養をとることにより、体力的問題のみであれば、本来なら回復するはずであるが、その後も気分的には優れない日がつづいた。悪いときには悪いことが重なるものである。一二月中旬からは風邪をこじらせた。例年、年度末には週末に土日と予定が入らないと長野県の黒姫へ出かけ、スキーでストレスを吹き飛ばしてきた。それができない年度末は実につらいものであった。大学では我慢して平静に振舞おうとする分、家に帰ると〝病人のごとく〟寝転がり、風呂では「もうダメだ」などと声を上げていたらしい。さすがに家内と息子（次男）は心配して、すぐに病院に行くことを強くすすめた。それにも抵抗し頑張ろうとしたがままならず、ついに観念して病院（心療科）をたずねたのは二月一五日であった。

自分自身で感じているよりさらに事態は悪化していたのであろう。夜も眠れないほど心配した家内は、友人であり大学の後輩でもある町田幸康さん（町田医院院長）に相談し、三月一日の夜、診察の終わった町田医院をたずねた。そして、診察を受けている間にフラッと倒れかかったのである。このことで先延ばしにしていた最終決断が下された。即翌日から静養となった。すべては研究室助教授の田川正朋さんに頼んだから「何も気にせず」休めばよいと家内には言われたが、いろいろなことが頭の中を駆け回り、悪いストーリーばかりが頭を横切る。もちろん熟睡などできるはずがない。妄想から逃れる道は眠るか何か他のことに没頭するしかないが、それができないのが〝うつ状態〟のつらいところである。

テレビのチャンネルをあちこち回しても上の空である。この苦しみから逃れるにはともっとも安易な解消の道がしばしば頭を横切る。最近、小中高生がいじめに遭い、自ら命を絶つ心境がよくわかるのである。こんなぎりぎりの状態が三週間ほどつづいた。時というのは本当に偉大な力をもつものである。いちばん気になっていた年度末のいろいろな後始末も、研究室や、農学研究科等事務部のみなさんが問題を適切に処理されていることを知り、心は快方へと向かいはじめた。家内からは「あなたは何もかも自分で抱え込んで処理しようとする。それでは体がもたないし、だいいち後進が育たない。まったく組織のトップには向いていない」と厳しく指摘されるのである。もちろん、どん底まで落ち込んで素直になったその時点では、反論のしようがない。女性の方が現実を直視し、的確に歩むべき道を選ぶことをようやく実感した。

8　森里海連環学への迷いの払拭

二〇〇六年三月も下旬に入り、家内から少し元気が出たようだから毎朝散歩しようと誘われた。いまにして思えば、私がいわば自業自得で深いうつ状態に陥っているあいだ、家内もとてもつらい重苦しい毎日を送っていたに違いない。散歩の誘いも自分自身の気分転換や運動不足の解消に必要だったのであろう。季節は春の幕開けを迎える時期であった。寒椿の花が落ち、桜の蕾が膨らみはじめ、家々の庭にはいろいろな花が咲きはじめていた。道端にも日頃気づかない名前も知らない野草が咲きはじめている。木々の新芽も日に日に大きくなる。ウグイスやシジュウカラなどの鳴き声も日に日に元気よくなっていく。こんなところに大木があったのかと、そのたたずまいの荘厳さに改めて圧倒される。

こんな散歩の間に、この間ほとんど途絶えていた会話がよみがえる。散歩のコースは決まっていた。家の近くにある黄檗山《おうばくさん》万福寺の外縁を一周する一時間ほどのコースである。万福寺は朝早くから開門され、自由に中に入ることができる。身の回りの生きものたちがもっとも輝く春とうつ病の回復期が重なったのは、私にはまったく幸いなことであった。生きものたちの生命力から元気をもらって、三月下旬から四月上旬へと気持ちと体力は急速に快方に向かった。

二〇〇五年の冬の初めから急速に気分が滅入ってしまった。その背景の一つは、フィールド研立ち上げの前の諸準備や農学研究科の管理職などに従事することになり、四〜五年が経過する間に、研究の前線から離れ、雑務的仕事に忙殺されつづけたことにある。自らの意思にかかわらず、研究への情熱は衰え、頭の思考構造が管理業務処理的となり、いざ定年退職して自由の身になったころには、これまでの研究のまとめを行う熱意も思考回路も不可逆的な状態に至っているのではないかという恐れが膨らんでいった。こうした思いの膨らむなかでの森里海連環学への周囲の関心は、私たちの予想を越えてどんどん広がりつづけていたのである。このギャップも、うつ状態を深刻なものにさせていたようである。

四月の上旬過ぎからは、ようやく本を読める状態になった。これまで折に触れ購入しては積んでおいた本を読みはじめた。その大半は多少なりとも森里海連環学に関連したものばかりであった。時間を気にすることなく読書に熱中できる幸せ、何年ぶりであろうか。そうした本を読むなかで、私自身が思いを先行させて浅学をかえりみず、森里海連環学を提唱するずいぶん以前から、多くの先達が同様の立脚点に立って将来の方向を提言されているのである（長崎福三・一九九八年、中村太士・一九九九年、依光良三編・二〇〇一年）。そして、いま全国各地で、森、川、海の再生やそれへの都市のかかわりに関する多様なとりくみが行われていることを知った（自然再生を推進する市民団体連絡会編、二〇〇五年）。

医師の許可を得て、大学への復帰前の一〇日間を黒姫山麓の大学村ですごすことにした。二〇〇六年は近年まれな大雪で、四月下旬というのに軒下には屋根から落ちた雪がうず高く残っていた。日々強まる陽ざしを浴びて、平地から雪が消えるとフキノトウや福寿草が芽や花を開く。大学村の入り口にある池から流れ出た水が作る湿地には水芭蕉の白い花（実はこれは本当の花びらではないのだが）が現れ出す。コブシの花につづいて山桜と、森の中は本当に日々冬から目覚めた草木が生命力を爆発させる。シジュウカラ、ヒヨドリ、キビタキ、ウグイスなどが飛び交い、朝はその鳴き声に目覚める。こんなたいせつな自然を孫の世代に残すには何ができるか。そんなに長くはない残された人生をどのように生きるかと、都会のあわただしい世界では、青臭く感じられる根元的な問いが素直にできるのである。この間の森里海連環学への迷いが払拭される一瞬であった。今後、小さな迷いは生じても、きっと大筋をはずさず、森里海連環学を、自身の中での深化と世の中での深化を同調させながら歩めるとの確信が深まった。

第7章　森里海連環学の展開

二〇〇三年四月にフィールド科学教育研究センターの発足とともに京都大学に誕生した「森里海連環学」は、フィールド実習重視の全学共通教育の推進、社会的運動などとの連携、モデルフィールドでの研究の展開を柱に、多様なとりくみを進めてきた。四年を経過して今後、いよいよ求められるのは、中長期的視点に立った本格的な異分野融合研究の展開である。

1　価値観の転換をめざす学問

「森里海連環学」の目標は、森と川と海のつながりの解明にとどまらず、それらに深く関わる人びと（里）のあり方を問い、森川海のつながりを再生することにある。森川海のつながりの解明自身、流域に住む人びとのものの見方や考え方の変革、すなわち流域のつながりの自然科学的な解明が流域の一体感を生み出し、それがまたつながりの解明にプラス効果を発揮するという循環が求められる。

しかし、このような流域再生に常に立ちはだかるのは、縦割りの弊害である。ダムは当初想定されていなかった砂を大量に蓄め、本来の海への供給を止めてしまっている。このように森と海のつながりを分断するダムに対して、海の環境保全にマイナスになるからと訴えても、海は別の部署の管轄なので関与しないという返事が返ってくる。また、森の人工林化とその放置は濁水の一気の放出となり、河川生態系や河口沿岸域生態系に多大な影響を及ぼす。この場合も行政は、森は森、海は海で分離し、海からの問題提起は森には届かない。しかし、こうしたしくみが不合理なこと、このままの事態が進めば流域の再生はありえないことに気づいた動きが生まれはじめている。全国一の森林面積率を有し、沖合を黒潮が洗う土佐湾に面した高知県では、森林海洋局の設置が構想された。実現にはいたらなかったが、県民の世論がもう一段階高まれば、高知の夜明けも近いのではないであろうか。

こうした自然や社会で生じるさまざまな複合的な問題の解決に役に立たない縦割り行政が存続するのはなぜであろう。私たち大学人は無関係なのであろうか。これまでの教育研究体制は多くの場合、縦割り的であり、総合科学である農学の博士号を取得しても、専門分野の狭い範囲のことには対応できても分野横断的な思考はきわめて不十分である。修士課程を修了した院生も、学部で卒業した学生も基本的には事情は変わらない。そうした教育制度のなかで教育を受けた学生や大学院生が行政に配属されつづけてきたのでは、行政も変わりようがない。「森里海連環学」の提案は、社会の縦割りの弊害をなくすこともその目的の一つとしている。

二〇世紀後半からの科学技術の進歩はめざましい。とりわけ情報技術の進歩は目を見張るばかりであり、パソコン一台ですべてが片づくような社会になった。このことは子どもたちの世界にも深く浸透し、かつて私たちが子どものころに遊び回った野山や小川が消失したこととともかかわり、子どもたちの遊び相手は友だちや自然ではなく、ゲームやパソコンとなってしまった。何が本物（実物）で何がバーチャルかの区別がつかなくなり、そのことが子ども同士や子どもをまき込んだ悲惨な事件の多発にもつながっているように感じられる。

私たちが豊かな暮らしを享受できるのは、いろいろな縦横の目に見えないつながりの上に成り立っていることは、日々の多忙な生活のなかでつい見落としがちである。「森里海連環学」のキーになる物質はなんといっても水である。水が森と川と海をつなぎ、さらに水蒸気から雲となり雨や雪として森にめぐってくる。水は〝つながり〟や〝めぐり〟を象徴する存在である。「森里海連環学」はその意味では、かつては意識することなく当たり前としていた、つながりやめぐりの価値観を再生する新たな学問といえる。

2 社会運動との連携

私は、「森里海連環学」とは何かと問われれば、それは「森は海の恋人」の世界を科学する新たな統合学問領域と答える。それは、森が海の恋人としてどのような役割をはたしているかを解明する学問であると同時に、「森は海の恋人」とよばれる社会運動と連携して初めて最終ゴールに到達することのできる学問領域だからである。もちろんここでは一例として「森は海の恋人」運動をあげたのであり、全国各地で行われているさまざまな運動との連携が対象となる。社会運動との連携は、具体的にはそれを中心的に担う人たちとの共同歩調の形として現れる。高知県仁淀川流域では、有機農法の普及、木質バイオマスの活用、川の近自然工法による改良、人工林間伐の推進などを通じて流域を一体的に再生することを試みている天野礼子さんたちとの共同歩調がその代表事例である。

「森里海連環学」にとってなぜ、社会運動との連携が必要なのであろうか。それは一つには、従来の学問がアカデミズムの世界で、ともすれば世界最高レベルの学術誌に論文を発表することが目的化し、極度にその傾向が強まると空前の論文捏造事件を生み出すことにもなる（村松秀、二〇〇六年）ことへの反省による。論文作成が自己目的化すれば、本来科学や技術のもつ社会的責任はともすれば見過ごされ、人類の福祉のためにあるべき科学技術の進歩が逆にそれを損なう結果をまねくことは、今日の地球環境問題の深刻さを考えると明らかである。もちろん、科学は人びとに無限の夢や希望を提供するものであり、理想的には科学者個々人が現実の煩雑な問題から離れ、まったく自由に思いのままに「百年たっても役に立たない研究（逆説的には百年、二百年後には思いもよらない花を咲かせるかもしれない研究）」（尾池和夫京都大学総長）にまい進できれば、これほど楽しく幸せなことはない。

しかし、生まれてきた時代が悪かったようである。このまま地球温暖化が深刻化しつつある時代にあっては、それらの地球的課題の解決に一研究者としていくらかでも力を注ぎたいとの素直な気持ちの結晶が「森里海連環学」なのである。

もう一つの理由は、これまでの学問の枠組みを超えて現実を変える力をもつためには、アカデミズムの世界での自己満足では目的を達成しえないことである。地球環境問題は具体的には〝地域環境問題〟なのである。地域を変えるには地域に根を張りそこの環境問題（広義の）を解決しようとする人たちと共同して地域世論を盛り上げないかぎり、カギを握る行政は動かないと考えられるからである。裏を返せば、学民産連携の包囲網で官が動くモデルが生まれれば、それは他の地域へ連鎖的に波及することが期待される。そうした産官学民連携の理論的バックボーンを担うのが「森里海連環学」なのである。高知ではそうした連携が動き出す直前まできている。

3 教育展開――ポケットセミナー

「森里海連環学」は実学であり、哲学でもある新たな学問領域と位置づけられる。実学としての存在感を示すには、少なくともあるモデル流域での森―川―海の自然科学的つながりを実証する必要がある。しかし、それには時間や研究費を必要とし、出発点からすぐにその証を見せることはむずかしい。一方、哲学的あるいは理念的部分は、提唱する側の熱い思いを語ればよい。既往の知見をつなぎ合わせ仮説を提唱し、人びとに夢を与えられればよい。フィールド研がこれまで研究に先行して教育活動、なかでもいろいろな学部の学生が受講する全学共通教育に力を入れてきたのは、このような理由による。

それは学生を変えるだけではなく、そのなかで教員そのものも脱皮することを願ったからである。全学共通教育のなかでとくに重視している講義は「森里海連環学——森と里と海のつながり」と「海域陸域統合管理論」であり、これらはフィールド研の教員のほかに、畠山さんやニコルさんなど多くの非常勤講師の協力を得て、リレー講義的に実施している。私も前者の一コマ（河口域の生態）を受け持ち、有明海のスズキ稚魚やヒラメ稚魚の生態を軸に〝私の森里海連環学〟を思いを込めて熱く語った。通常一〇〇名も受講していると、午後の一限目ではとくに後部座席の中には居眠りをする学生が多々みられるが、この時は数人だけの学生で、残りの圧倒的多数の学生はたいへん熱心に聴いてくれた。提出してもらったレポートの中には「これこそ京大らしい講義」や「こんなおもしろい夢のある講義を聴いたのは初めてであり、つらい受験勉強を頑張って京大に入学して本当によかった」などの感想が寄せられた。

もう一つフィールド研が重視しているのは、先にも述べた略称ポケットセミナーと呼ばれる「新入生向け少人数セミナー」である。フィールド研はこのポケットセミナーに講師以上の先生は必ず一科目以上を提供することとした。それは、子どものころに自然と触れ合ったことのなかった学生に、自然の素晴しさを実感してもらうフィールド実習により、遅まきながら〝原体験〟をしてもらうことを意図した。フィールド研の教員数は二二名（うち講師以上一三名）であり、全学の一％未満であるが、全学の提供科目数一四〇前後の一割を超える科目を提供し、全学的に高く評価されている。これらの実習は夏休みに集中するため、大半の先生にとっては夏休みとならないほど八～九月は多忙である。

　こうしたハードスケジュールに耐えられるのは、実習を受けた学生の感想文に元気づけられるからである。それらのなかでもっとも代表的な事例は、二〇〇三年夏に北海道研究林（標茶《しべちゃ》町・白糠《しらぬか》町：釧路湿原の近く）で実施されたポケットセミナーに参加した女子学生（経済学部）より、年末に担当教員に届いた一通の手紙であった。そのなかには「自分は北海道実習を受けるまで、身の回りに木や草があり、鳥や蝶が飛んでいることさえまったく意識したことはなかった。しかし、この一週間の実習を受け、自然の素晴しさやたいせつさがわかり、自分の一生を左右するくらい大きな影響を受けた」と記されていた。今まで身の回りに生きものがいたことをまったく意識することがなかったということに驚かされたが、同時に一週間で意識や価値観が大きく変わることに大いに感激した。

4　古座川プロジェクト

和歌山県は森林県であり、紀勢線で串本に向かうと列車は海岸沿いに南下し、山が海岸近くに迫っていることを実感する。山が深い分、多くの川が存在するが、なかでも串本町の東部に流入する古座川は清流としてしばしばテレビに登場する。京大フィールド研の現地施設が串本町（紀伊大島実験所）と白浜町（瀬戸臨海実験所）にあり、前者の准教授梅本信也さんが、フィールド研設置以前より古座川流域での里の調査を進めていたことや下流の一部を除き、古座川の集水域全域が古座川町に属し、また古座川文化圏ともよぶべき地域文化を形成していることなどが、ここを私たちの研究のモデル水域とした背景である。

古座川本流には中流にダム（七川《ひちかわ》ダム）が一つあり、大雨が降ると緊急放水で濁流は串本湾まで達し、養殖漁業にも影響を与えることが問題とされていた。ここには、世界的に有名な近畿大学水産研究所大島実験場があり、クロマグロの親魚や幼魚が養成されている。外洋性のクロマグロにとっては、淡水や濁水の流入は致命的となる可能性がある。大雨が降らない平水時においても、上流の森林域から流れ出した水は一度ダムに蓄えられ、植物プランクトンの増殖その他で水質が大きく変えられてしまう。一方、古座川本流の東側には並行してやや規模は小さいが支流小川《こがわ》が流れ、河口から九キロメートルの地点で合流する。小川《こがわ》には一つもダムや堰がなく、正真正銘の清流である。

世間的には清流とよばれてなんら不思議のない古座川本流にダムが建設されて半世紀が経過した。この間古座川町の人口は、林業が盛んであった一九七〇年代までの一万数千人から四〇〇〇人弱に激減した。人口が激減し、人びとの川への負荷が少なくなったと思われるのに、逆に古座川はどんどん変化し、地元の人たちからは、このままではもう元に戻らないのではないかと心配する声が広がっていた。古座川はいまでもアユ釣りの本場のひとつとして、休日には関西方面からの釣り客が訪れる。

しかし、地元の人たちは古座川でも小川でもアユを捕るが、自分たちが食べるのは小川で捕れたアユのみで、本流で捕れたものは口にしない。それほど味に差があるというのである。両者の違いは大雨の降った後に顕著に現れる。本流古座川は白濁したような濁水がなかなか消えないのに対し、支流小川は一時的に少し濁ってもすぐに元の清流に戻るのである。

このような古座川をモデルフィールドに定め、手弁当で調査を始めたのが二〇〇四年の五月。調査の概要を説明する集会には六〇人あまりの地元の人たちが集まった。参加者の多くのみなさんからは、「この数十年のあいだに古座川はすっかり変わってしまった」、「七川ダムが悪さをしているに違いないが、わしらには調べるすべがない」、「古座川の再生につながるなら、わしらにできることは手伝うのでぜひ調査を進めてほしい」などの意見が出された。

この集会での住民からの積極的な意見に力を得て、とりあえずできるところから調べていこうと、魚類、とくに海と川を往復する魚や甲殻類（エビ類）、川辺の植生、キノコ類、鳥類、古座川流域の歴史分析などフィールド研以外の研究者の協力も得て、調査が始まった。とくに、注目したのは濁りの実態把握と水質であった。二〇〇五年一月から一二月までの一年間は、この調査開始に触発されて誕生した「清流古座川を取り戻す会」のみなさんが、古座川各所で週一回の頻度で採水に協力していただいた。二〇〇六年には濁度計を購入し、古座川下流の沈下橋（橋の作りをできるだけ単純化し、大水の出たときには水中に沈む橋）を河口沖に設置して水温、塩分、濁度の連続記録を入手した。二〇〇五年夏季からは二カ月に一度のペースで「古座川合同調査」を実施し、その結果が出そろった時点で報告書をまとめ、フィールド研全構成員に配信するとともに、森里海連環学実習やポケットセミナー「清流古座川に森と里と海のつながりを見る」などにも活用されている。

フィールド研には川の生物を専門に研究する研究者がいない。幸いにも私の研究室の博士後期課程を終了して博士号を取得した原田慈雄さんが和歌山県農林水産総合センターに所属している。原田さんは淡水生物採集の達人で、アユでも地形を利用して狭い場所に追い込み素手でつかむという離れ業を見せ、指導を受けた学生を驚かせたという。

地域のみなさんの調査や森里海連環学への理解を深め、得られた成果を地元に還元するために、年に二回のペースで古座川シンポジウムが「清流古座川を取り戻す会」と共同で開催されている。こうしたとりくみが地盤を固めたのであろうか。二〇〇六年一月には和歌山県（七川ダムの管理者）の代表もふくむ「古座川流域協議会」が発足し、古座川の再生と流域の振興策などが協議されはじめている。

5　由良川プロジェクト

由良川は、京都北東部・丹波高地の芦生《あしう》に源を発し、丹波高原を流下して若狭湾西部の丹後海に注ぐ全長一四六キロを有する京都府下最大の河川である。川が注ぎ込む由良浜の近くは「山椒大夫」の舞台となった有名な場所であり、近年では二〇〇五年秋の台風で由良川下流域に大洪水が発生し、立ち往生をしたバスの屋根の上で必死になって救助を求める人たちがテレビに映し出された場所でもある。

フィールド研舞鶴水産実験所は、由良川河口の東部に開口する舞鶴湾の中央部に立地している。由良川河口域では一九八〇年代からヒラメ稚魚の生態調査が継続して行われ、膨大なデータが蓄積されている。由良川が流入する日本海の干満差は最大四〇センチ前後であり、砂州で狭くなった河口の内側は深いくぼみとなり、表層は淡水が流下するが、底層には塩分の高い水がかなり上流（河口から二〇キロメートル近く上流）まで入り込む、典型的な〝塩水契《えんすいくさび》〟（上下混合が弱い河川の下層に比重の重い海水が入り込む状態）を形成している。

舞鶴水産実験所所長の山下 洋さん（教授）たちは、センター化して以来、若狭湾や舞鶴湾にそそぐ中小河川をモデルに、各河川の水質や両側回遊生物（ヌマエビ類）の生態等の調査にとりくんできた。二〇〇五年には長期的展望のもとに由良川を研究対象にすべく、京都府と共催で流域でさまざまなとりくみをしておられる由良川の関係者や関係団体に呼びかけ、第一回由良川フォーラムを開催した。二〇〇五年の台風で由良川流域は大洪水、土砂崩落、大量の人工林の倒木、無尽蔵ともいえるほどの海岸への倒木、雑草、ゴミの漂着など大きな被害を受けたため、流域一帯で協力して対策を考える必要に迫られていた。こうした時点での由良川フォーラムは関心をよび、一五〇名近くの人びとが集まった。

京都府下では昭和四〇年代より、木製人工魚礁が丹後海各地に沈められ、一本釣りの漁場として効果をあげてきた。しかし、その科学的根拠は明らかにされないままであった。そこで、上流の芦生研究林より切り出したスギやヒノキの人工林や数種の落葉広葉樹を用いた木製人工魚礁を作成して、水産実験所近くの海中に沈められた。そして、魚類が寄り集まる蝟集《いしゅう》状態と樹種との関係が三年間にわたり、舞鶴水産実験所准教授益田玲爾さんらの定期的な潜水観察によってくわしく調べられている。スギ魚礁がいちばん魚類の蝟集力が強いことが明らかになり、いまその原因が究明されている。毎年スギやヒノキの花粉症にひどく悩まされている益田さんは、この結果を学会で発表した際、すべてのスギ人工林を海に沈めて花粉症の元を断ち切りたいと最後にまとめ、場内は爆笑の渦に包まれたという。

京都府は、二〇〇六年にモデルフォレスト協会を立ち上げ、森林の健全化に乗り出した。しかし、森を健全化するとどのように生態系や隣接生態系間の関係に変化が生じるかまでを明らかにすることは視野に入っていない。この点で、今後の由良川プロジェクトが担う役割はきわめて大きい。幸い、この数年間の講義や実習の効果として「森里海連環学」を研究したいという学生や院生が増えてきた。「森里海連環学」の推進は、森、里、海などそれぞれの専門家の協力によって進められるのは間違いないことであるが、最初から境界域やつながりそのものに焦点を当てた学生や院生を育てることが決定的に重要である。この点で、由良川プロジェクトや舞鶴水産実験所のはたす役割はきわめて大きい。とりわけ、水産実験所を拠点に海から森へアプローチする大学院生と、芦生研究林を拠点に森から海へアプローチする大学院生との共同研究が生まれる日が待望される。

6　高知・仁淀川《によどがわ》プロジェクト

前記二つのプロジェクトは、フィールド研現地施設の立地条件に応じて自然的に発生し、とりくみはじめたものであるが、高知プロジェクトはそれらとは異なった成立の背景をもつ。直接のきっかけは京大フィールド研が高知大学黒潮圏研究科ならびに高知県と共同で「横浪林海実験所」を設置したことによる。この林海実験所の発足は、高知の風土や文化に「森里海連環学」がよく調和し、多くの人びとにたいへん関心をもって迎えられたことによる。

従来、仲が良くなかった海面漁業協同組合と内水面漁業協同組合がこれまでの関係を乗り越えて同じテーブルにつくことになった。高知で盛んな有機農業の関係者も、そして林業関係者も、このままでは「地域の再生はありえない」、「森里海連環学は流域一体の共同体をよみがえらせてくれるかもしれない」との意識が高まり、また、流域の自治体首長からもこぞって仁淀川流域で「森里海連環学」が展開されることへの賛意が得られたのである。

『「緑の時代」をつくる』や『林業再生最後の挑戦』の著者天野礼子さんが、それらの連携網をつくる中心人物として大活躍された。多くの講演会、森里海連環学を支援するチャリティートーク&ライブ、カルチャー教室「自然に学ぶ森里海連環学」など市民への普及活動を展開するとともに、全国一一カ所で動き出した林野庁の「新生産システム」を活用して、どうして森から木を搬出するかの実際についても高知県森林局や地元仁淀川町の関係者との間で度重なる協議を行い、間伐実施への道を切り開いていかれた。

間伐から私たちがイメージするのは、環境教育の一環として各地で行われている市民によるボランティア活動である。この場合は、切られた木はそのまま放置され、有効に活用されることはない。仁淀川流域での間伐は、伐採した木を枝葉も残さず余すところなく利用し、その利益の一部を山元に還元し、林業復活につながる間伐を計画しているのである。

こうした間伐を実施する上で、三つの大きな問題がある。第一は多くの小規模森林所有者の同意を得ること、第二は対象地の斜面の形状や土質に応じて崩壊しない小規模路網（林道）を作ること、そして第三はプロの間伐チームを作ることである。これら三つの条件を整えることは並大抵なことではないが、天野礼子さんと竹内典之先生が山を見て回り、関係者を説得して、間伐チームが動き出すまでたどりついている。

このような準備のうえに間伐が始まると、それらの木は、木材として木の家の普及に、木質ペレットやチップとしてバイオマスエネルギーとして用いられ、また枝葉やおがくずなど残渣は発電に使用される。とりわけ高知で盛んなハウス栽培に使われている重油エネルギーを地球温暖化の防止にもつながる木質エネルギー（木質ボイラー）に変えることが期待される。そうしたハウス栽培で作られた野菜はエコ商品として付加価値がつくことになると思われる。さらに、オーストリアやドイツなどではすでに普及している地域冷暖房を木質エネルギーでまかなうことも近い将来期待され、農業や水産業などに林業が深く関わることにより、地域循環の共同体意識が目ざめるものと期待される。

仁淀川は全長一二四キロメートルであり、由良川と同規模の大きな川である。四国では川といえば四万十《しまんと》川が思い浮かぶが、水質は仁淀川の方がよいという清流である。こうした清流とよびうる仁淀川も多くの問題を抱え、近年アユの漁獲量は減少し、二〇〇七年の溯上量はきわめて少なく、このような状態がさらに深刻化するのではないかと心配されている。もはや、単一の理由でこのような事態にいたったのではないことを感じはじめた関係者は、事態の原因を川だけでなく、森や海もふくめた流域全体のつながりのなかで見通し、農林漁業関係者だけでなく、流域住民との協同をもとに地域振興や流域再生を考えようとの気運が高まった。アユは流域再生のシンボルであり、地域振興の背骨は「森里海連環学」なのである。

こうした流れが広がる背景には、通常、何人かの仕掛け人が存在する。仁淀川の場合には天野さんと行動をともにしてきた松浦秀俊さん（高知県水産試験場）である。「土佐に生まれ物心ついたころから川で遊び、アユ釣りとともに育ってきた。自分が学生のころに『森里海連環学』が生まれていたらよかったのに」と言われるが、はたしてどうであろうか。高知県に就職し、ほとんど内水面漁業に関わり、仕事と休日の釣りをとおして高知の川や森に接してきたからこそ、「森里海連環学」がわかるのではないだろうか。ともあれ、松浦さんが動き回り、縦割り行政にくさびを入れつづけてきた功績は大きい。〝二〜三人本気になって動く人間がいれば、たいていのことは動かせる〟を信念に行動されてきた。いまそのことが、京都大学、高知大学、高知県、高知市の共同で高知・仁淀川プロジェクトとして動き出そうとしているのである。

7　「森里海連環学」による地域循環木文化《きぶんか》社会創出事業

フィールド研は、発足以来五年間に全国各地で講演会、シンポジウム、対話集会を開き、その数は一〇〇回を超え、合計の参加者は三万人近くに達した。そのなかで、再生循環資源として、そして国土の根幹となり、「森里海連環学」の目標ともなる木文化社会の創出が浮かび上がってきた。

これらを背景に私たちは、つぎのような事業を構想した。二〇〇七年度から仁淀川上流域のスギ人工林で大規模な適正間伐（材積で二分の一前後の間伐）を行い、林床の光環境の変化や下草や小灌木の出現、それにともなう昆虫類や鳥の出現変化、保水力の変化、流出水の水質変化、流量の変化、枯れ谷への水の復活とアマゴやアユの再出現などを五年間、さらには長期にわたり、調べる計画である。

これらの間伐による森林の変化が、河川水の水質や濁度、有機懸濁物量、底生藻類生産量の変化、水生昆虫相の変化、アユをはじめとする魚類や甲殻類（とくに海と川を往復するウナギ、ハゼ類、テナガエビ類、モクズガニ類など）の現存量や成長の変化などを調査する。これらの河川環境の変化が海の環境や生物生産の変化にどのように関わるかを両側回遊性生物の動態、栄養塩や微量元素の供給が基礎生産に及ぼす影響を調べることになる。間伐面積は一八〇〇ヘクタールを目標にしているが、このような大きな規模のフィールド操作実験による生態系の変化や生態系連鎖の変化を追跡した例はない。ぜひこの事業が成功することを願っている。

本事業の目的は地域循環型木文化社会の創出であるが、教育面での効果をも大いに期待している。それは、この仁淀川フィールドで研究に従事する多くの学生や院生が、回復する森林のようす、それらが川の再生につながるようす、なによりも流域全体に共同体意識が再生する現場に触れることにより、横断的思考の重要性を体感し、身につけていくことが期待される。そのため、ポケットセミナーや森里海連環学実習を実施するなど、学生がこのプロジェクトに触れる機会の増加に努める。この研究には仁淀川上流域の「池川の清流と緑を再生する会」の会員やリバーキーパーとよばれる仁淀川を再生することに意欲をもつみなさんが、試験水の採水や川や森のようすの観察に協力していただく体制がとられる。調査で得られた結果は、随時講演会やシンポジウムを通じて地元のみなさんに報告し、流域の一体感の形成を進める。

本事業のもう一つの大きな特徴は、間伐した木を余すところなく有効に活用することである。伐採されたすべての木は搬出され、製材として木造住宅や地域の木造構造物に用いられるとともに、木質ペレットやチップにされ、バイオマスエネルギーとして使用される。こうしたペレット等は木質ボイラーによる暖房だけでなく、冷房にも活用できるのである。たとえば、あるモデル的な漁村に地域冷暖房施設を導入すれば、重油高騰が深刻な影響を与えている漁村のあり方に変化を生み出すことが期待される。一方、高知で一万棟はあるといわれるビニルハウスの暖房を木質ボイラーに変えることもきわめて重要な課題である。これらのことが実現すれば、農・林・漁業の連携と地域循環の重要な具体化となる。同時に、地球温暖化の防止にも貢献できるとの地域の環境意識の高揚にもつながることが期待される。

8 革新的木造建築工法ジェイ・ポッド（j・Pod）

再生資源の日常生活への活用のなかで、もっとも重要なものの一つは木造住宅の普及であろう。従来、木造住宅は地震や火事に弱く、マンションなどの高層化などに押され、また土地代をふくめ高価であるため、普及が困難とされてきた。とりわけ相つぐ地震の発生により、国民の耐震への関心が高まっている状況のなか、小林正美さん（京都大学大学院地球環境学堂教授）を中心とする研究会で、これまでの常識を破る耐震性にきわめて優れ、大量生産が可能になれば従来の木造建物よりかなり安価に造れる画期的な新工法が生み出された。それがジェイ・ポッドである。ジェイ・ポッドのジェイ（j）は、リブフレームとよばれる木枠の四角を鋼板と多くの釘でつなぎ合わせる（joint）ことを意味している。

骨格となるリブフレームは、厚さ四・五センチ、幅一五センチの板を二枚重ねた、横幅三・六メートル、高さ二・七の木枠である。これを四五センチ間隔で七つ並べると一〇平方メートルの一ユニットができる。きわめてシンプルな構造であり、特別の技術がなくても短期間で組み立てられる。これが当初考案された初期モデルであるが、高さや横幅は必要に応じて変更すればよい。

この工法が新聞紙上に発表されたのが二〇〇四年一〇月末であった。ちょうどあの中越沖地震が起こった直後である。現在各地の被災地で用いられているプレハブの仮設住宅と同じ広さで同等の機能（台所、風呂、トイレほか）をもつジェイ・ポッド仮設住宅は、プレハブ住宅の七〇％前後の価格でできるとの試算が出された。なによりも心に深い傷を負われた被災者にとって、プレハブ住宅がよいのか木のぬくもりや香りに満ちた住まいがよいのかは歴然としている。今後リブフレームさえ備蓄しておけば、早急に対応が可能となる。今後の災害に備えてありあまった間伐材を用いて、リブフレームの備蓄を進めておくべきである。それは、国内の災害だけでなく、海外での災害の救済にも貢献するであろう。

このジェイ・ポッドの最大の特色はきわめて地震に強く、震度7にも耐えることが実証されている。四角を金具で止めたリブフレームが柔軟に揺れに応じて変形し、強い耐震性をもつのである。こうした建物を世の中に普及するために、二〇〇四年度予算（総長裁量経費）で本学の北部構内の研究林北白川試験地に平屋建ての一棟（三室分）が、和歌山県清水町の和歌山研究林に二階建（一階三室、二階三室）の一棟が造られた。そして二〇〇六年度には、和歌山研究林のスギ間伐材を使って、大学本部に国際交流セミナー棟が設置された。米国（ブッシュ政権）は世界最大のCO_2排出国でありながら京都議定書に加わらず、世界からひんしゅくをかっている国である。その国の若者を迎え入れて、CO_2削減に寄与し、再生資源でもある木造りの建物で勉強することはたいへん意義深いことと思われる。尾池総長は著名な地震学者である。その総長自らこのジェイ・ポッドの普及に意をそそいでいただいていることはたいへん心強い。

ジェイ・ポッドの目的はたんに木造の耐震性に優れた建物を普及させることにあるのではない。その地の気候風土にもっとも適応した地元の木（しかも間伐材）を使って、地元の工務店が建てることに主眼が置かれている。この地産地消の社会システムを再生することこそ基本理念なのである。ここにフィールド研の「森里海連環学」の理念と共鳴することになる。こうし

ジェイ・ポッドで作られたゼミ小屋

ジェイ・ポッドの作業工程

①基礎工事完了

②リブフレームの吊り込み

③リブフレームの据付け

④ボトル締め

⑤上部コーナーアングル材取付け・ボルト締め

⑥ユニット建方完了

た理念やその耐震性が高く評価され、神戸大震災を経験した兵庫県が宍粟郡《しそう》夢前町《ゆめさき》に二〇棟のジェイ・ポッド集合住宅を建てた。ここでは宍粟の森から切り出された間伐材を用いて、地元の工務店の手によりジェイ・ポッドを造るという基本が実現した。それは地元の林業再生の出発点となるのである。

私自身は個人的には、このジェイ・ポッドが小中高等学校などの学校教育現場に取り入れられることを切に願っている。それは田舎の学校ではなく、都会の学校にこそ必要と考えられる。木造の校舎は木の香りばかりでなく、建物は木をとおして〝呼吸〟し、室内にいながら外の自然を体感できるからである。森林セラピーが毎日体感できるのである。木造校舎に変えると、子どもたちははだしで板の間を走り回り、風邪を引かなくなるとともに、深刻ないじめもなくなることを示すデータが得られている。地球温暖化防止や森の健全化、それにつながる川や海の再生などを自然に学ぶ環境教育にもなる。校内には木造校舎にふさわしい緑の環境も整えられ、子どもたちは日々その存在を認識することとなる。ジェイ・ポッドは安心安全な建物として身体障害者の施設やお年寄りの集まる場所や災害時の避難所としても最適である。「森里海連環学」の思想を満載したジェイ・ポッドの普及を願わずにはおられない。

9　「森里海連環学」の世界への発信

「森里海連環学」の直接の目的は、日本の自然を特徴づける森と川と海のつながりを多面的に解明し、さらにそれを元につながりを再生することを目指すことにある。これまでの自然科学や社会系あるいは文系科学の融合が求められる。さらに、それらの融合した知を、現実を変える力に転化するためには、地域に根ざした産官学民の連携が不可欠となる。従来の学問の殻を破って、現実を変えることを目的とする点では、「森里海連環学」は〝実学〟とよぶべき存在である。

しかし、「森里海連環学」が実社会や現実の自然を変えることだけに目的が矮小化されるとき、この学問の発展性は閉ざされてしまうのではないかと考えられる。それは、人びとに何かしら夢があり、未来を託せるとの思いをいだかせる部分が欠落してしまいかねないからである。この学問は大学内の学問だけでなく、住民が人と人、人と自然、自然と自然のつながりのたいせつさに思いをはせ、人びとが「力を合わせてみんなで生きていこうよ」という意識を共有しながら住民が深化させていく学問である。自然の再生は地球生命体の切れかかった血管系としての森里海の連環の修復であり、一方、後者の「みんなで生きていこうよ」というつながりの共有意識は、地球生命体の免疫系に相当すると考えられる。それはあたかも現代社会では経済価値として換算されない思想や価値観のようなものであり、この点で「森里海連環学」は哲学的要素を多分に備えた学問といえる。

日本は先進諸国のなかでまれに見る森林大国である。森林面積は国土の約三分の二に及ぶ。欧米の先進国の森林面積は国土の一〇～二〇％程度である。森と湖の国とよばれるフィンランドやスウェーデンでも森林面積率は五〇％前後である。その森林大国日本が使用する木材の八〇％は外国産である。急速に減少しつづけている熱帯雨林の厳しい現実にも日本は深くかかわってきたのである。森里海連環やその再生が地球環境問題の解決に大きく貢献するとの発想は、森と海の国である日本ならではのものであろう。いま、国際的にも海の統合管理には、陸域の影響も考慮すべきとの趣旨の国際シンポジウムや、山から海までを見渡そうというシンポジウムが開催されはじめている。わが国でも二〇〇七年三月に、そのような主旨のシンポジウムが開催され、その報告集が出版されたばかりである（山下 洋・田中 克編、二〇〇八年）。この森里海連環研究が温帯域ばかりでなく、北海道大学北方生物圏フィールド科学センターが天塩川で展開している亜寒帯プロジェクトや立地条件に恵まれた琉球大学熱帯生物圏研究センターが亜熱帯プロジェクトを展開するとともに、東南アジアの熱帯域での「森里海連環学」の展開が切望される。そしてアジアから地球環境問題解決への新しい流れが生まれることを期待したい。

あとがき

稚魚研究に携わって四〇年以上が経過しました。もっとも、最後の五〜六年は管理運営の仕事に携わっていましたので、実質的には三五年ですが。この間いろいろなフィールドで多くの稚魚たちの生態研究に従事できたことはたいへん幸せであったと思っています。研究者の思いや仮説の検証につき合ってくれた稚魚たちはどれくらいいいたでしょうか。いま、彼らの成育場環境がことごとく悪化あるいは消滅の危機に瀕していることを思うとき、彼らの悲痛な叫びが聞こえてくる気がします。彼らが教えてくれた三つの重要な視点、長期的、広域的ならびに総合的視点を基礎に、今後いったい何ができるのかを考えさせられました。そしてたどりついたのが「森里海連環学」でした。この学問のゴールにたどりつくには、長期的データの蓄積が不可欠であり、広域的（亜寒帯〜熱帯域）に調べ、文理両面から総合的にアプローチすることが求められます。稚魚研究の三つの視点は、個人レベルの研究に臨むスタンスでしたが、「森里海連環学」の場合には、学問としてそれら三要素を内包しているといえます。

本書の中では、私の「森里海連環学」の形成にかかわった多くの研究者や大学院生、そして社会運動の先達に登場していただきました。森里海連環学の成立も、そしてそのゴールへの到達も結局多くの人と人のつながりの輪の大きさにかかわっているように思われます。高知での「森里海連環学」による地域循環型木文化社会創出事業の出発は、まさにこの人と人のつながりの輪の賜物といえます。直接間接のつながりの輪が流域全体に広がった結果であり、まさに〝人と人の連環〟学なのです。

畠山重篤さんには四人のお孫さんがおられますが、そのうちの最年長の子は五歳であり、私の孫と同年齢です。二人の秘密の夢（秘密と言いながらこうして書きとめたり、講演会で話題にしていますが）は、そろって京都大学に入学し、大学院ではフィールド科学教育研究センターの研究室に進み、一人は海から森へアプローチする研究を、一人は森から海へアプローチする研究にとりくむことです。畠山さんはすでにお孫さんに絵本などで、これはヒラメだ、これがマダイだなどの〝英才教育〟を行っておられると聞いています。この子たちの祖父は、入学式に参列して「よくまあここまでたどりつきましたな」と感慨深げに笑顔で握手するのを夢見ています。

私の孫は女の子なのでそうした自然相手の研究の道へ進むかどうかまったく未知数ですが、いまはそうなってくれればどんなに楽しいかと夢見ています。

本書では自らの四〇年の稚魚研究の先に見えてきた「森里海連環学」といういろいろな可能性を内包した新たな統合学問領域についての私論をまとめました。現時点では多様な発展の可能性を有したこの学問について、多くの人が「私の森里海連環学」を描かれ、一人でも多くの人がその存在に気づき、関心をもっていただくことを願っています。個人的には、高知プロジェクトを展開した後、その成果に裏打ちされた「私の森里海連環学再論」のような本をまとめてみたいと考えているところです。

本書をまとめるに当たり、多くのみなさんから多大なご支援を得ました。旬報社との仲介の労をとっていただいた天野礼子さん、さまざまな示唆をいただいたC・W・ニコルさんと畠山重篤さん、写真や図を提供していただいた小池正孝さん、有瀧真人さん、山下　洋さんならびに上野正博さん、そしてマダイやスズキのフィールド調査を支えていただいた漁師の栗山鎮任さん、酒見孝彦さん、古賀貞義さんに厚くお礼申し上げます。本書で引用した研究成果の多くは、二〇〇七年三月まで所属していた研究室の仲間や多くの大学院生のたゆまぬ努力の結晶です。みなさまに厚くお礼申し上げます。

本書が出版にこぎつけたのは、旬報社企画営業部長の山本達夫さん、終始激励と細部までの懇切なご指摘をいただいた平木豪達さんならびに田辺直正さんのご尽力によるものです。感謝に耐えません。

二〇〇八年四月

田中　克

引用文献

矢間秀次郎編『森と海とマチを結ぶ――森系と水系の循環論』北斗出版、一九九二年。

内山 節『「里」という思想』新潮選書、二〇〇五年。

瀬戸山 玄『里海に暮らす』岩波書店、二〇〇三年。

西野麻知子・浜端悦治編『内湖からのメッセージ――琵琶湖周辺の湿地再生と生物多様性保全』サンライズ出版、二〇〇六年。

藤原公一・臼杵崇広・根元守仁「ニゴロブナ資源を育む場としてのヨシ群落の重要性とその管理のあり方」『琵琶湖研究所所報』一六号、一九九八年。

佐藤正典編『有明海の生きものたち――干潟・河口域の生物多様性』海游舍、二〇〇〇年。

広松 伝『よみがえれ〝宝の海〟有明海』藤原書店、二〇〇一年。

古川清久・米本慎一『有明海異変――海と川と山の再生に向けて』不知海書房、二〇〇三年。

日本海洋学会編『有明海の生態系再生をめざして』恒星社厚生閣、二〇〇五年。

宇野木早苗『有明海の自然と再生』筑地書館、二〇〇六年。

江刺洋司『有明海はなぜ荒廃したのか――諫早干拓かノリ養殖か』藤原書店、二〇〇三年。

畠山重篤『日本〈汽水〉紀行――森は海の恋人の世界を尋ねて』文藝春秋社、二〇〇三年。

京都大学フィールド科学教育研究センター編『森と里と海のつながり――京大フィールド研の挑戦』柑出

版社、二〇〇四年。

松永勝彦『森が消えれば海も死ぬ——陸と海を結ぶ生態学』講談社、一九九三年。

長崎福三『システムとしての〈森—川—海〉——魚付林の視点から』農山漁村文化協会、一九九八年。

中村太士『流域一貫——森と川と人のつながりを求めて』筑地書館、一九九九年。

依光良三編『流域の環境保護——森・川・海と人びと』日本経済評論社、二〇〇一年。

自然再生を推進する市民団体連絡会編『森、里、川、海をつなぐ自然再生』中央法規、二〇〇五年。

村松　秀『論文捏造』中公新書ラクレ、二〇〇六年。

天野礼子・C・W・ニコル・立松和平編『「緑の時代」をつくる』旬報社、二〇〇五年。

天野礼子編『〝林業再生〟の挑戦』農山漁村文化協会、二〇〇六年。

山下　洋・田中　克編『森川海のつながりと河口・沿岸域の生物生産』恒星厚生閣、二〇〇八年。

た

な

は

ま

さくいん

あ

か

さ

著者紹介

田中 克（たなか・まさる）

1943年滋賀県大津市生まれ。京都大学名誉教授。

京都大学農学部水産学科で魚の子供（稚魚）に魅せられ、大学院博士課程修了。1974年に元水産庁西海区水産研究所（長崎）に就職。1982年京都大学農学部水産学科助教授に就任。1993年同教授に昇任。この間マダイ・ヒラメ・スズキ・サワラなど沿岸重要魚種の生理生態を研究。多くの稚魚は渚域や河口域に集まることを解明。同時に渚域の消失や劣化の問題に直面。2003年4月に森と海の現地教育研究施設を統合したフィールド科学教育研究センターの発足とともにセンター長に就任。「森里海連環学」という新たな統合学問領域を提唱。

著書に『魚類学下』（共著、恒星社厚生閣）、『魚類の初期発育』（恒星社厚生閣）、『ヒラメの生物学と資源培養』（共著、恒星社厚生閣）、『スズキと生物多様性』（共著、恒星社厚生閣）ほか。

森里海連環学への道

2008年5月12日　初版第1刷発行

著　　者――田中　克

装　　丁――宮脇宗平

発 行 者――木内洋育

編集担当――平木豪達

発 行 所――株式会社旬報社

〒112-0015東京都文京区目白台2-14-13

電話（営業）03-3943-9911

印 刷 所――株式会社マチダ印刷

製 本 所――有限会社坂本製本

ISBN 978-4-8451-1073-5